SHENGTAI WENMING JIANSHE
YU SHENGTAI HUANJING ZHILI FAZHAN LUJING YANJIU

生态文明建设与生态环境治理发展路径研究

程海涛　编著

化学工业出版社
·北京·

内容简介

《生态文明建设与生态环境治理发展路径研究》聚焦生态系统、能源系统、乡村振兴、生态城市、生态环境监测、生态环境治理等内容，对于新时代牢固树立与践行“绿水青山就是金山银山”理念，形成解决生态文明建设与生态环境治理发展过程实际问题的系统化方案与措施，具有参考意义。

本书可作为高校生态文明建设与生态环境治理的教学用书，也可作为对生态文明建设、生态环境治理感兴趣的青年及社会人士的参考书。

图书在版编目（CIP）数据

生态文明建设与生态环境治理发展路径研究/程海涛编著. —北京：化学工业出版社，2023.10
ISBN 978-7-122-44374-8

Ⅰ.①生… Ⅱ.①程… Ⅲ.①生态环境建设-研究②生态环境-环境综合整治-研究 Ⅳ.①X321

中国国家版本馆 CIP 数据核字（2023）第 194020 号

责任编辑：傅聪智　　装帧设计：王晓宇
责任校对：李　爽

出版发行：化学工业出版社（北京市东城区青年湖南街 13 号　邮政编码 100011）
印　　装：大厂聚鑫印刷有限责任公司
710mm×1000mm　1/16　印张 8　字数 127 千字
2023 年 10 月北京第 1 版第 1 次印刷

购书咨询：010-64518888　　售后服务：010-64518899
网　　址：http：//www.cip.com.cn
凡购买本书，如有缺损质量问题，本社销售中心负责调换。

定　　价：58.00 元

前言

PREFACE

生态文明是一种新的文明理念，旨在人类发展进程中保护和提升自然环境，实现人与自然和谐共处。生态文明的核心是可持续发展，这意味着要保持资源的平衡，保护生态系统的完整性，乡村与城市建设要充分考虑人与自然平衡，防止生态破坏和环境恶化并遏制全球气候灾难发生。

生态文明建设与生态环境治理要坚持“绿水青山就是金山银山”的理念，坚持山水林田湖草沙一体化保护和系统治理。生态文明建设与生态环境治理发展就是要让生态文明制度体系更加健全，生态环境保护发生历史性、转折性、全局性变化，实现生态环境监测系统化、智能化、数字化，让我们的祖国天更蓝、山更绿、水更清。

本著作为“2020 年度河北省社会科学发展研究课题（课题编号：20200302020）”研究成果。本书聚焦生态系统、能源系统、乡村振兴、生态城市、生态环境治理、生态环境监测等内容，对于新时代牢固树立与践行“绿水青山就是金山银山”理念，形成解决生态文明建设与生态环境治理发展过程实际问题的系统化方案与措施，具有参考意义。

同时本著作也借鉴引用了教育教学改革研究与实践项目“新时代化工类专业课程‘课程思政’标准化、规范化建设研究（jg2020045）”“构建‘三全育人、校企贯通’应用型人才培养质量保障体系探索与实践（jg2021023）”及校级课题“新时代衡水学院教育教学质量评价改革研究与实践（2022XZ12）”的相关实践研究成果。

由于经济社会发展日新月异，本书涉及的领域不断扩展，相关理论与实践不断创新丰富，另外由于编著者水平与文献资料收集范围局限，在编写过程中不可避免存在不足和遗漏之处，希望广大读者批评指正，提出宝贵意见和建议。

编著者

2023 年 6 月

目录
CONTENTS

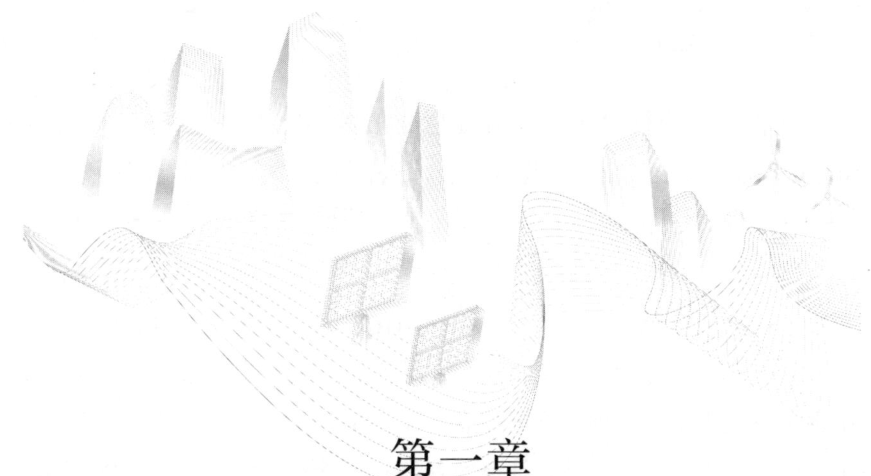

第一章 生态文明建设与生态环境治理发展理论基础

党的二十大报告强调，推动绿色发展，促进人与自然和谐共生。大自然是人类赖以生存发展的基本条件。尊重自然、顺应自然、保护自然，是全面建设社会主义现代化国家的内在要求。必须牢固树立和践行“绿水青山就是金山银山”的理念，站在人与自然和谐共生的高度谋划发展。中国式现代化是人与自然和谐共生的现代化。重点围绕加快发展方式绿色转型，深入推进环境污染防治，提升生态系统多样性、稳定性、持续性，积极稳妥推进碳达峰碳中和四个方面开展实践[1]。

1.1 发展理念遵循

理念是行动的指引与先导，所有的发展实践都应在一定的理念引领下开展，才能实现发展特定的质量和效益。

余村是“绿水青山就是金山银山”理念的发源地，村口“绿水青山就是金山银山”石碑矗立在天地之间格外显眼[2]。2005 年 8 月，习近平在浙江省湖州市安吉县余村考察时，“绿水青山就是金山银山”的重要论断被首次提出[3]。余村科学践行“绿水青山就是金山银山”重要论断，实现了从“靠山吃山”向“养山富山”的跨越发展，践行出经济与生态互融共生、互促共进的新型发展之路[3]。“绿水青山就是金山银山”重要论断是马克思主义生态自然观的时代化、现实化、形象化，是对大自然和谐共生发展规律的深度精炼。推进马克思主义生态自然观中国化、时代化是一个追求真理、揭示真理、笃行真理的过程，在实际践行“绿水青山就是金山银山”重要论断过程中逐步发展为指导各项工作的理念。党的十八大以来，在“绿水青山就是金山银山”理念引领下，结合社会实践经验，针对新时代人类社会实际问题，将“绿水青山就是金山银山”理念进行了更加精准、深刻、系统的理论概括和内涵阐释。在不断科学实践的基础上，提出以“绿水青山就是金山银山”理念为核心基础的创新、协调、绿色、开放、共享的新发展理念。

创新、协调、绿色、开放、共享的新发展理念是在经济社会发展中落实“绿水青山就是金山银山”理念，解决生产生活实际问题的具体方法与路径。推动发展的第一动力根源于创新，创新发展解决了发展动力来源；持续健康发展需要协调的内在机制，协调发展实现了发展均衡；发展的基础和必要条件以及人民对美好生活的向往就是绿色要素，绿色发展实现了人与自然和谐共生；开放构建了国家繁荣之路，开放发展达成了内外联动的高效性；共享体现了社会本质要求，共享发展体现了社会公平正义；坚持创新发展、协调发展、绿色发展、开放发展、共享发展是我国新时代质量强国建设、构建新发展格局的必由之路[4]。

新发展理念五个方面融会贯通、互为保障，形成具有内在联系的有机整体，贯彻要步调一致，不可偏倚、替代。

要精准把握新发展理念对经济社会发展各项工作的引领意义；新发展理念的“根”和“魂”是为人民谋幸福、为民族谋复兴、为世界谋大同；要根据新发展阶段的新要求，更加精准地贯彻新发展理念，切实解决好新阶段发展不平衡、不充分的实际问题；把安全发展贯穿国家发展各领域和全过程，强化忧患意识、底线思维，时刻准备面对复杂、困难形势[5]。

党的二十大强调结合新时代高质量发展要求，更深层次深化“绿水青山就是金山银山”理念，深刻阐述了人与自然和谐共生是中国式现代化的重要特征，提出“尊重自然、顺应自然、保护自然，是全面建设社会主义现代化国家的内在要求”的重要论断，并作出推动绿色发展、促进人与自然和谐共生的重大部署[1]。

站在人与自然和谐共生的高度谋划发展，“绿水青山就是金山银山”理念成为生态文明和环境监测与治理体系中国式现代化的理念遵循，需要生态系统高质量推动与实现，需要能源绿色可持续发展的支撑，需要统筹乡村振兴与生态城市建设，需要生态环境监测与治理体系现代化的有效保障。

1.2　哲学基础

“绿水青山就是金山银山”理念也是生态文明和环境监测与治理体系中国式现代化的哲学基础，深刻呈现了人类社会发展与自然环境要素对立统一的辩证关系，深刻总结了对人类社会与自然环境联系与影响的认识与实践的宝贵经验，是对新时代生产力构成要素演变更替趋势的智慧把握，丰富和发展了马克思主义生产力理论，生动诠释了中国化的新时代生产力理论[6]。

生态文明和环境监测与治理体系中国式现代化哲学基础体现的是一种生态自然观。生态环境领域内系统自然观的具体体现就是生态自然观，属于人类社会生产生活过程中形成的自然观，其继承与发展了马克思、恩格斯生态思想，深度思考与反省人类社会生产生活活动引起的生态环境影响，依托系统科学与生态科学理论，对人类社会生产生活活动与生态环境要素的相互制约与内在联系的本质概括与精炼。

马克思主义自然观认为：生态系统是由人类群体、有机物、无机物、生命体、非生命体、自然环境要素构成的系统化、开放性、自组织的体系，通过与外部环境进行物质、能量、信息交换维持自身自适性、自组织性、协调性等特征；人类自身与系统内其他构成要素要遵循公平、可持续的发展原则，实现人类社会与生态环境之间的和谐共生；人类社会与生态环境的绿色、可持续发展，以人类社会生产生活活动为主体，对自然环境的影响是自然环境要素可承受、可恢复的，不破坏人类生存与发展必不可少的自然环境要素，将人造自然环境与自然环境要素深度融合。

马克思主义生态自然观是马克思主义自然观的丰富与发展，是以现代生态学为基础的系统理论，其核心观点是人与自然的协调发展。其本质是一种以人为本，全面、协调、可持续的发展理念，发展是基础，是第一位的。

动物、植物、人类等生物构成的生态系统具有动态变化的特征，在各自发展过程中对外界自然环境要素产生影响，尤其是人类社会通过对自然界的改造形成满足自身需要的具备不同功能的人造生态系统，例如城市生态系统，同时形成了具有时代特征的生态文明。新的生态系统、生态文明形成在一定程度上造成生态环境要素功能的损害及与自然规律的违背，对人类社会发展造成阻碍、破坏等反作用，应坚持将“绿水青山就是金山银山”的理念融入、落实到人类社会发展各项工作中，积极主动采取针对措施进行系统调节，努力实现人与自然和谐共生。

生态文明建设以马克思主义生态自然观为价值基础，人类社会生产生活活动影响自然环境的同时，人类社会要不断完善社会制度、价值观念、思维方式，实现人类社会自我革命，形成人类社会与自然环境和谐共生的社会文明。马克思主义生态自然观指导下的人类活动对自然环境的影响是一个复杂的过程，不是完全禁止人类活动使自然环境完全自我发展，也不是完全忽视自然环境被过度索取、任意破坏，而是在充分实现自然环境要素功能保护的基础上系统、科学地改造自然生态系统，形成人与自然协调发展的生态系统。

生态文明和环境监测与治理体系中国式现代化哲学基础指明了马克思主义生态自然观下人类生存、生产生活、社会发展的前提基础与价值基础的关系，开辟马克思主义生态自然观中国化、时代化新境界。绿水青山是人类生存、活动的自然环境要素的总和，金山银山体现了人与自然环境和谐共生的场景。生态文明和环境监测与治理体系中国式现代化哲学基础体现了更加深刻与丰富的实践内涵要义，人与自然和谐共生是所有人类活动的质量标准，绿水青山要产生社会价值推动人类社会不断发展，就要通过人类有意识的科学社会实践满足人类发展需要，构建具有更多价值功能的人造生态系统（即金山银山）。

生态文明和环境监测与治理体系中国式现代化哲学基础的互相转变是人类改造自然的过程，是生态文明建设过程中践行马克思主义生态自然观的实践过程，以生态学、系统学为科学基础，人类的生态意识为主导，实现人类社会与生态环境和谐共生，从思维理念转化为社会生产实践。“绿水青山就是金山银山”的转变的根本途径就是发展，发展过程要以人类根本利益为基本出发点，全面、协调、可持续为发展原则，在满足单个生态系统发展需求的同时，要统筹协调区域整体生态系统的发展[7]。

1.3　生态文明建设与生态环境治理发展路径研究的主要内容

生态文明建设与生态环境治理发展，是人与自然的和谐发展，要体现“系统观、整体观”的生态文明思想，通过优化生态保护红线、自然保护地、人居环境等生态与生活空间，提升生态系统多样性、稳定性、持续性，立足我国能源禀赋，加快规划建设新型能源体系，全面推进乡村振兴，构建以生态安全为底线的环境监测与治理体系，以生态环境的物质承载力为核心，突出生态文明建设的系统性、完整性及其功能质量[8-10]。

1.3.1　全面提升生态系统多样性、稳定性、持续性

通过科学的思路、工作方法、技术推动生态系统高质量绿色现代化发展，提升生态系统质量和稳定性。坚持实事求是、突出调查研究，掌握生态领域真实境况，强化忧患意识与底线思维，建立科学合理的预案、机制、举措，高效应对生态系统不确定变化。以问题为突破口，勇于面对生态系统难题，突出解决问题，遵循系统观念，在全局性谋划、系统性布局、整体性推进上下功夫，增强工作统筹，加强沟通配合。

1.3.2　加快规划建设新型能源体系

能源紧密联系日常生活中的衣食住行，同时也是经济发展、社会进步的基石与命脉。能源清洁低碳高效利用、可再生能源资源多样化、构建新型能源体系是新时代能源系统绿色可持续发展的重要增长极。

党的二十大报告中提出，立足我国能源资源禀赋，坚持先立后破，有计划、分步骤实施碳达峰行动，深入推进能源革命，加强煤炭清洁高效利用，加快规划建设新型能源体系。新时代能源系统绿色可持续发展要认真贯彻落实“四个革命、一个合作”能源安全新战略，锚定碳达峰碳中和目标任务，落实“十四五”可再生能源发展规划。

加快推进大型风电光伏基地、大型水电站和抽水蓄能电站等重大项目建设，聚焦能源安全供应和民生保障，努力推动可再生能源高质量跃升发展。加快高水平的能源新型基础设施建设，让风电、光电等绿色能源的稳定性和效率持续提升，能源更加绿色低碳。强化智能化技术的提升，让用电更加稳定可靠。构建能源智慧管理系统，在降碳节能方面发挥关键作用。促进能源产业数字化绿色化协同转型，夯实能源高质量发展的“新底座”，支撑现代化经济体系飞速发展。以重大能源工程为依托，推动这些重大技术装备进行示范应用，加快在先进可再生能源、新型电力系统、能源数字化智能化等领域实现新突破。

遵循“绿色发展、生态优先、因地制宜、试点先行、多元创新、逐步推广、实惠可靠、多能互补”的原则，推动乡村能源清洁低碳转型和高质量发展。包括推进分布式能源技术创新应用，探索建设新型农村能源体系，优化营商环境，探索建立农村能源发展利益共享机制等。

1.3.3 全面推进乡村振兴

中华文明根植于农耕文化，乡村是中华文明的基本载体。党的二十大报告指出，全面推进乡村振兴，坚持农业农村优先发展，巩固拓展脱贫攻坚成果，加快建设农业强国，扎实推动乡村产业、人才、文化、生态、组织振兴。在全面推进乡村振兴高质量发展、加快农业农村现代化的进程中，要把马克思主义基本原理同中国乡村具体实际相结合、同中华优秀传统文化相结合，对乡村文明所蕴含的独特世界观、价值观、历史观、文明观、民主观、生态观等深入挖掘，积极开展保护。要深入贯彻新发展理念，树立鲜明的质量和实效导向。对新时代新征程乡村振兴工作规律的内涵要全面科学把握，对乡村基层创新创造要充分尊重，持续更新乡村振兴动能与活力。要强化保障，坚持要素配置优先满足、资金投入优先保障、公共服务优先安排，全力支持乡村振兴和“三农”工作，多措并举建设宜居宜业和美乡村。

1.3.4 推进生态城市人居环境整治

城市建设要坚持走生态优先、绿色发展的道路，智慧化、数字化是生态城市现代化进程中城市文明的新时代特征。新时代生态城市建设进入崭新发展阶段，需要面对新使命和新任务，走绿色发展的路径，高标准、高质量推进生态城市建设，加快构建以实体经济为基础的既经济合理又独具特色的自身产业体系，以数字智慧城市建设为目标助推数字绿色经济飞速发展，快速推进数字经济基础设施系统构建，加快功能完善、有吸引力的现代化公共服务体系建设，构建与城市发展目标相契合的资金支持机制，围绕高质量发展建立精准的协同发展政策体系。

1.3.5　深入推进生态环境监测与治理

加快生态环境监测与治理体系现代化，以现代生态环境治理需求为核心，加快生态环境监测数字化升级转型。聚焦数字化技术应用，构建支撑生态环境治理现代化技术基座，最大限度实现生态环境监测数据的应用价值，加快生态环境技术装备研究与更新，形成现代化生态环境监测与治理体系大格局。

加快建设数字化、网络化、智能化、价值化于一体的功能化智慧生态环境监测与治理体系。将大数据计算优化、信息处理网络共享作为重点突破口，着力推动生态环境监测与治理数字化，将数据切实管用、真实实效作为基本原则，围绕数据安全开展生态环境监测与治理信息安全工作。

通过生态环境监测与治理系统化、现代化的全局视野，针对当前存在的问题与短板，紧盯生态环境监测与治理整体需求，科学定位生态环境监测与治理供给目标，实现生态环境监测与治理由数据产出供给向数据产出与分析利用同时发力转化。

着力构建覆盖数据采集、传输、存储、使用、共享全生命周期的安全防护体系，提高监测系统整体安全保护能力，支撑现代化生态环境监测体系安全稳定运行。

参考文献

[1] 习近平. 高举中国特色社会主义伟大旗帜 为全面建设社会主义现代化国家而团结奋斗——在中国共产党第二十次全国代表大会上的报告[J]. 求是，2022，665(21)：4-23.

[2] 窦瀚洋. 挖掘生态资源、促进共同发展，浙江省湖州市安吉县余村——共建共享 守护

绿水青山[N]. 人民日报，2023-01-17(14).
[3] 仲音. 绿水青山就是金山银山[N]. 人民日报，2022-08-18(004).
[4] 冯刚，孙贝. 科学把握新发展理念的理论蕴涵[J]. 湖南大学学报(社会科学版)，2023，37(01)：1-5.
[5] 刘青松. 让青山常在、绿水长流、空气常新(生态论苑)[N]. 人民日报，2022-12-31(008).
[6] 张光紫，张森年. “两山”理论的哲学意蕴与实践价值[J]. 南通大学学报(社会科学版)，2018，34(02)：21-25.
[7] 赵建军，杨博. “绿水青山就是金山银山”的哲学意蕴与时代价值[J]. 自然辩证法研究，2015，31(12)：104-109.
[8] 蒋丽. 生态文明理念在现代农业发展中的作用研究[J]. 农业技术经济，2023，333(01)：146.
[9] 孙久文，韩瑞姣. 高标准、高质量推进雄安新区建设——学习《习近平关于城市工作论述摘编》[J]. 城市问题，2023，332(03)：4-11.
[10] 陈善荣，陈传忠，陈远航，等. 面向生态环境治理现代化的生态环境监测数字化转型研究[J]. 环境保护，2022，50(20)：9-12.

第二章

生态系统多样性、稳定性、持续性发展路径研究

生态系统的功能与价值的实现与绿水青山密不可分。不同生态系统可提供多种服务功能，大约有 17 种生态功能。生态功能的缺失与生态系统的破坏会带来极端天气与环境恶化，造成巨大损失。绿水青山关系到不同生态系统生物元素的和谐同生，影响国家整体生态安全，成为不同生态系统功能与价值的底线以及环境领域通常所说的生态红线。

2.1 生态系统现状

我国生态系统包括农田生态系统、森林生态系统、草地生态系统、水域生态系统、城市生态系统、荒漠生态系统和其他生态系统。在全球环境变化的新形势下，日益突出的生态环境问题给生态系统服务的可持续利用带来了巨大的压力[1]。

（1）农田生态系统

我国农田面积约为 130 万平方公里（数据引自第三次全国国土调查主要数据公报），占全球农田面积的近 10%[2]。农田生态系统主要以耕地为核心，土壤是耕地的重要载体，土壤质量直接影响土壤产能、人类生产和生活、农田生态系统的整体性以及功能与价值[3]。

农田生态系统面临的主要生态问题包括土壤酸化、土壤盐碱化等。为了满足生活与生产需求，土壤利用强度不断增强，造成农田生态系统中耕地土壤质量退化严重。首先，土壤酸化面积不断扩大，pH 值不断下降，酸性增强。依据张福锁院士团队在《科学》杂志上刊发的研究成果，我国现有强酸性耕地（pH＜5.5）已达 2.93 亿亩，占到全国耕地面积的近 1/5。2010 年中国全域范围内农田生态系统中土壤 pH 值与 20 世纪 80 年代相比，平均下降 0.5 个单位。我国酸性土壤农田生态系统主要分布于东北地区、胶东半岛和南方地区，南方地区是酸性土壤最大分布区，面积近 2 亿亩。

土壤酸化的原因分为自然酸化和人为酸化。自然酸化伴随土壤发育整个自然过程，其中高温、高湿、强降水等自然条件是加速土壤酸化的主要诱因。由于高温、高湿、强降水在我国南方比较常见，因此南方的农田土壤主要以酸性为主，北方温度、湿度、降水量等强度相对弱很多，土壤性质则以中性偏碱性为主。人为酸化与土壤自然形成过程相比，影响时间非常有限，但影响是巨大的，某些影响是不可逆的。其中尤以农田生态系统生产过程中持续施加氮肥为影响最大，加速了土壤的酸化。

土壤盐碱化是农田生态系统面临的另一突出问题。农田生态系统受到农业灌溉耕作过程的影响，耕地单位面积的生产力随着灌溉面积增加而扩大，粮食产量也随之增加，这是推动农田生态系统服务功能的一方面。但是农田生态系统灌溉过程用水中溶解了无机盐类成分，水分被作物吸收、自然蒸发，而无机盐类成分则留在了土壤中，加速推进土壤的盐碱化进程，其中在滨海地区和干旱地区，土壤盐碱化极易发生。

滨海盐碱地主要分布在黄河三角洲、海河三角洲、辽河三角洲以及长江口北侧。开垦这些盐碱地，基础条件较好，因为有 500～700 毫米年降水量。还有一些盐碱地分布在东北的松辽平原，这部分盐碱地主要是苏打盐土，钠离子含量高，土壤很坚硬，这里有松花江、嫩江，有一定的水资源可供利用，年降水量也有 400 毫米左右。此外，在中国西北地区，如内蒙古河套、宁夏平原，土壤盐碱化也很严重，这里土地广袤，却更为缺水[4]。

（2）森林生态系统

森林生态系统是陆地生物圈的主体，也是地球陆地生态系统的主体组成部分，由于其具有巨大的碳库、较高的生物量以及丰富的生物多样性，在调节全球碳平衡、减缓大气中 CO_2 等温室气体浓度上升以及维持全球气候稳定等方面具有不可替代的作用，同时对全球生态系统和人类经济社会发展有重要影响[5-6]。森林生态系统生物量占全球陆地植被总生物量的 85%～90%，且每年森林与大气进行的碳交换量约占整个陆地生态系统碳交换量的 70%，每年可吸收固定全球大约 25%的化石燃料燃烧所排放的 CO_2，所吸收的 CO_2 主要以有机碳和无机碳的形式自然封存在土壤中[7]。

同时，森林生态系统作为地球上复杂、多功能、多物种、多效益的自然生态系统，向经济社会提供固碳和释氧、大气环境净化、涵养水源、水土保持、土壤保肥、林木营养物质积累等服务功能。此外，森林还为人类社会的生产活动以及人类的生活提供丰富的物质产品，包括木材、非木材产品和食物等；森林在维护区域性气候、保护区域生态环境（如防止水土流失）和维系地球生命系统的平衡等方面也具有不可替代的作用。由于森林与气候之间存在着密切的关系，气候的变化将不可避免地对森林结构和功能产生不同程度的影响。反过来，因全球森林生态系统是一个巨大的碳库，受气候变化的影响，它对大气中的 CO_2 起着源或汇的双重作用，从而进一步加剧或减缓气候变化的效应[8]。

森林中储存着大量的碳，其碳库变化能导致大气 CO_2 浓度波动，从而进一步调节气候变化。作为陆地碳汇的主体，森林碳汇被认为是抵消化石燃料碳排放的有效途径。甚至可以说，森林碳汇是实现“碳中和”目标的主要途径。因此，准确估算森林碳汇的大小及其变化趋势不仅是全球气候变化领域关注的焦点问题，也为我国实现“碳中和”目标提供基础支撑[9]。

森林生态系统的结构与功能受到严重影响，随着全球环境变化和人类活动对生态系统影响的日益加深，生态系统结构和功能发生强烈变化，生态系统提供各类资源和服务的能力在显著下降。而人口增加和生活水平的提高则对生态系统服务和产品提出更高要求[10-11]。我国利用仅占全球 5%的森林生态系统以及 3%的森林生物储蓄量，满足了全球 23%的人口对于森林生态产品的长期大量需求，同时也造成了我国森林生态系统生态承载力严重超标的后果，压力越来越大[9]。

进入21世纪，人口数量、资源、环境发生了变化，同时对于森林资源的价值认识角度与认识深度达到了新的高度。森林生态系统功能分为三个层次：第一层次，森林生态系统产品满足人类生活与生产基本需求，同时随着经济社会的发展，森林生态系统提供的物质与生态服务质量不断提升，主要表现为森林的休闲和观光、水资源数量和质量、美化价值、野生生物和生物多样性保护功能；第二层次，人们对森林的各种产品和服务功能的认识得到了提高，氧气生产、碳固定与储存、水文循环调节和水质改善等远远超出了当地森林和流域区域的范围，提升到了国家政策和区域乃至国际事务领域；第三层次，森林对当地居民和社区而言有着重要的价值，而地区的价值要与国家和全球的价值进行整合，以更好地分配和经营这些森林生态系统功能价值[12-13]。

环境变化影响中，温度升高是主要影响因素。气温升高对森林生态系统物质循环机制与物质产出有关键的影响作用。主要影响氮循环、净初级生产力（NPP)、碳循环、土壤呼吸、碳循环与氮循环的耦合过程。其他影响因素包括大气CO_2浓度升高、土地利用变化、氮和硫沉降、磷维持机制。气温升高加速了森林生态系统中土壤有机氮矿化和净消化过程，提供了丰富的氮源，有利于植物生长。同时，气温升高提高了微生物新陈代谢和酶的活性，加速了有机物质分解和总氮矿化增加[14]。

（3）草地生态系统

草地生态系统是陆地生态系统的重要组成部分，约占全球陆地总面积的46%（其中天然草地30%左右，疏林草地16%左右)，具有分布广、面积大的特点。草地生态系统在陆地生态系统中具有极其重要的功能，它不仅可以给人类供给畜牧产品和植物资源，还对涵养水源、防风固沙、保持土壤、保持生物多样性、调节气候等调节和支持服务中起到关键作用。其中，草地生态系统的水源涵养功能起到调节径流、消洪补枯、涵养水分和截留降水的作用。草地生态系统承载着全球植被生物量的36%、碳储量的20%，与森林和海洋并列为地球的三大碳库，是全球重要的生态资产，在畜牧业生产、文化传承和旅游休闲等方面为人类提供生态系统服务[15-16]。

我国草地面积约3.9×10^8公顷，约占国土面积的40%，是我国最大的陆地生态系统；约占全球草地面积的13%，居世界第二。巨大的草地生态资产为我国草地畜牧业经济发展、牧区社会稳定和国家生态安全提供了坚实的物质基础，草地生态系统提供的服务和产品为人类福祉发挥着重要的作用。

随着畜牧业的不断发展，人类过度利用草地导致其面积锐减，草地资源损失严重。近年来，随着人们活动的增加，以及对草地保护意识不强、过度开垦和放牧等造成养分失衡，严重限制了草地的生产和发展。另外，全球气候变化和人类活动的干扰，社会经济发展需求对草地生态资产的过度消费，使牧区草地生态、生产和生活功能间天然的耦合与协调机制遭到破坏，造成天然草地生态环境退化、生态资产损失和生态系统服务功能下降，严重威胁着区域生态与社会经济的可持续发展[17]。

（4）水域生态系统

水域生态系统支撑着整个地球生命系统，提供人类必需的生产、生活用基础物质资料，整个水域生态系统由河流生态系统、湖泊生态系统、湿地生态系统三种类型构成[18]。随着人类生活水平的不断提高，以美化环境、提升生态环境质量、服务大众为首要功能的城市水生态系统已逐渐成为城市生态化进程中的重要因素。流经城市的河流和地处城市的湖泊与城市因素结合，为城市提供休闲娱乐、气候调节、水质净化、改善空气质量等特殊的生态系统服务，直接影响城市居民的生活质量[19]。

大型河流（长江、黄河、珠江等）流域面积大，流经地域特征复杂，不同地域经济水平发展不均衡，产业布局不统一，对于河流的服务功能要求出现多层次、多类型。流域水域生态系统服务与经济发展不协调是突出矛盾。以经济集聚高于生态系统服务集聚为主，整体空间格局变化较为稳定。其中上游地区以生态系统服务集聚高于经济集聚类型为主，中、下游地区以及各省会城市以经济集聚高于生态系统服务集聚类型为主，而生态系统服务与经济集聚基本协调的城市集中在整个流域的中部[20]。

（5）城市生态系统

城市生态系统是城市区域范围内的生态学功能单位，与相邻城市、行政区相连，具有一般生态系统的特征，即生物群落和周围环境的相互关系，以及能量流动、物质循环和信息传递的能力，主要具备能量流动、物质循环和信息传递的三大生态系统功能，具有连续性、独特性、功能适应性[21]。

城市生态系统的结构、过程和功能与一般自然生态系统又有所不同，城市生态系统主要由城市绿地、人居环境、城市河流与湖泊等构成，是以人为主体的社会-经济-自然-人类交互的复合生态系统。人类经济和社会活动重点集中于城市生态系统，城市生态系统占陆地面积3%左右，却产出了全球75%的GDP产值，作用巨大[22]。

城市区域的生态系统主要受人类生产活动影响，是人为改变了物质循环和能量转化的生态系统。城市生态系统的生态环境问题主要表现在由于城市急速扩张和工业化所导致的土地破碎化、环境污染、城市内涝以及造成周边生态系统服务供给能力下降和生物多样性降低，最终导致区域生态系统功能失衡。同时，由于缺乏科学合理的国土体系地域空间规划和对国土空间开发的严格管理，大规模的土地征用、无序开发、空间失控、规划建设布局不合理等问题，使得城市生态系统人居矛盾较为突出。城市生态系统中具备生态调节功能的自然地表主要为城市绿地。绿地土壤作为城市生态功能的重要介质与载体，通过一系列的生态过程，在维护城市生态系统平衡与可持续发展等方面发挥了不可替代的作用[23]。

（6）荒漠生态系统

荒漠生态系统是干旱、半干旱地区的典型原生生态系统，具有独特的结构、功能与服务。荒漠生态系统主要是指由旱生、超旱生的小乔木、灌木、半灌木和小半灌木及与其相适应的动物和微生物等构成的群落，与其生境共同形成物质循环和能量流动的动态系统。约占全球陆地面积三分之一的荒漠生态系统，是干旱、半干旱地区以荒漠植物为主的生态系统，分为沙漠、沙地和戈壁3种类型[24-25]。

荒漠生态系统的典型特点是降水稀少、气候干燥、风大沙多、温差大、植被稀疏，而这些特点决定了荒漠生态系统具有不同于森林、湿地等生态系统的独特结构和功能。荒漠生态系统服务功能主要是满足自身系统组成要素产品需求，同时满足人类活动的需求[26]。

防风固沙是荒漠生态系统的首要功能。荒漠生态系统的植被有效降低了风沙流动速度，控制了风沙流动区域，大大降低风沙对生产与生活的损害程度。荒漠生态系统还能够有效对土壤进行保护与繁育，荒漠生态系统的植被固定了有利于植物、动物生存的土壤，有效保留了氮、磷和有机物质等营养成分，促进土壤的形成。水文调控是荒漠生态系统的核心功能，通过荒漠植被和土壤等因素对水分分配、消耗和水平衡等水文过程产生影响。荒漠地区浅层淡水主要来源于荒漠生态系统的地表、土壤空隙、植物枝叶和动物体表与水汽遇冷凝结形成的水。由于荒漠生态系统面积巨大，土壤具有优良的渗透性，可以把大气降水和地表径流过滤成洁净的地下水源，形成储量丰富的地下水场[27]。

荒漠生态系统光照充足，为植物光合作用提供有利条件，荒漠生态系统的植物通过光合作用固定并形成了总量巨大的植被碳库和土壤碳库。荒漠生态系统包含独特且多样的物种组成，形成了重要的基因资源，地域宽广，为许多珍稀物种提供了生存与繁衍的场地，同时形成了沙漠胡杨林、鸣沙山、月亮湖、魔鬼城、蜃景等特有的自然景观，人类文明在我国荒漠生态系统中存留了敦煌莫高窟、楼兰遗址、高昌古城等人文历史景观，为观光旅游、休闲度假、科学考察、探险等打下了基础[28]。

2.2 生态系统科学研究与主要问题

2.2.1 生态系统科学研究历程

20 世纪 60 年代开始，世界各国研究人员围绕生态系统进行了多样化科学研究，具有代表性的里程碑研究包括以下几个方面。首先，国际生物学计划（International Biological Programme，IBP）从生物的本质入手进行研究，经过十余年的不懈努力，研究成果表明，自然资源不是取之不尽的，在一定程度上是有上限的，具体可以缓解资源上限与人类需求的路径尚未有科学研究论断。研究过程中，研究学者与专家达成共识，仅依赖于学术研究界的力量是单一的，同时研究问题的角度也是不全面的，研究成果需要强有力的执行，政府的参与成为问题解决的关键。其次，研究范围随着研究的深入不断扩大，研究人员发现生态系统各组成要素间的内在规律与物质传递，不仅局限于局部生态系统，需要扩展到整个地球生态系统圈层，研究对象也需要从宏观精准到微观粒子。最后，学术研究界普遍认为对于生态系统，需要运动地去研究，既要研究过去发现历史规律，又要研究现阶段状况把握实际，更需要对未来进行科学评估研究[29]。

“只有一个地球”，这是1972年在瑞典首都斯德哥尔摩召开的人类环境会议提出的响亮口号，是人类生态环境发展的第一次机遇，阐明了人类的生存“只有一个地球”的事实，呼吁人类应该珍惜资源，保护地球。各个国家开始从政府角度保护环境、保护生态，成立了专门的环境保护部门，开始了多维度环境保护事业。1987年，“世界环境与发展委员会”发表了影响全球的题为《我们共同的未来》的报告，同年四月份正式出版。报告以“持续发展”为基本纲领，以丰富的资料论述了当时世界环境与发展方面存在的问题，提出了处理这些问题的具体的和现实的行动建议。

1992年6月3日至14日在巴西里约热内卢召开的联合国环境与发展大会通过的《21世纪议程》是“世界范围内可持续发展行动计划”，它是21世纪前在全球范围内各国政府、联合国组织、发展机构、非政府组织和独立团体在人类活动对环境产生影响的各个方面的综合的行动蓝图。

2002年8月26日至9月4日在南非约翰内斯堡召开了可持续发展世界首脑会议，全面审议了《21世纪议程》执行情况，重振全球可持续发展伙伴关系，并签订了“RIQ＋10”协议。2012年，世界各国领导人再次聚集在里约热内卢，召开“里约＋20”峰会，会议聚焦“绿色经济在可持续发展和消除贫困方面的作用与可持续发展的体制框架”。

2015年底在巴黎召开的联合国气候变化大会上达成《巴黎协定》，2021年11月13日，联合国气候变化大会（COP26）在英国格拉斯哥闭幕，各缔约方最终完成了《巴黎协定》实施细则。生态系统研究与环境问题被协同关注，改变了从“从生产力”角度解决问题的思路，开始全面关注生态系统治理，即“生态系统的服务价值”，更具体的也就是遵循自然界自身发展与更新的规律，将“地球生态系统所能提供给人类和生态系统自身所能维系的能力和阈值”作为精准施策的核心指标[29]。

2.2.2 全球生态系统环境问题

“既要金山银山，又要绿水青山”“绿水青山就是金山银山”的理念，是一个非常精准鲜活的现代发展的形象比喻。在发展经济的同时又要保存生态优美的自然环境。“绿水青山就是金山银山”总结了现在科学领域对生态系统服务的认识，也从全球的高度看到了环境和生态的问题，同时是结合中国的实际情况所提出的绿色发展、生态发展的创新思路与理念[30]。

生态系统的分布受到自然因素与人类活动的影响。生态系统中的生物与周围的环境存在多重相互联系，成为人类认识和研究世界生态的最基本单元。宏观上生态系统的形成与分布，主要由自然条件决定，存在自身的规律与变化。人类活动出现以前，气候条件是生态系统产生与发展的决定因素。当人类出现以后，人类活动与需求成为环境变化的主导力量，人类影响范围扩大到全球范围，世界环境也随之产生巨大变化，产生的环境影响中弊与利共存。

随着人类的进化、科学技术和人工智能的发展，人类的创造力成倍增长。20 世纪创造的财富，超过人类之前历史的总和，21 世纪预计增长 5～10 倍[30]。实际的发展更加迅速，发展过程中为了满足人类需求，发展对自然资源耗损、环境要素的物质循环的破坏已经严重超出自然环境自身的平衡能力。经济全球化的同时也加剧了环境的全球化过程，极端自然现象频繁出现，气候变化偶然性激增，给生态系统带来根本性影响。

在自然资源消耗和容纳人们产生的废弃物所需要的生态空间分布中，我国人均自然资源消耗与容纳废弃物生态空间并不大，但是由于我国人口基数大，使得自然资源消耗与容纳废弃物生态空间总量巨大。2002 年，美国科学院依据不同发展程度的国家发展需求的差异，进行了科学预测，发达国家为了持续高消费水平，发展中国家为了温饱更加牢固，都在大量地消耗地球上的自然资源，在 20 世纪 80 年代初就已经超过了地球自身再生的能力，20 世纪末超出地球自身再生能力已经达到 20%，人类生产与生活的需求建立在严重透支地球自然资源的基础上。地球上的人口仍然在持续增长，生态系统中森林生态系统、农田生态系统总量退化严重，人类活动类型不断扩展，致使二氧化碳产生量剧增，生物多样性严重受损，大量生物消失。极端的高温与低温、异常降水是人类进入 21 世纪最多的感受，各方面的现实反映整个自然界正在发生巨大变化，与人类的活动密不可分，例如全球变暖导致海平面上升，致使现有陆地消失而出现在水面之下。随着图瓦卢举国移民至新西兰，搬离自己的家园，其成为全球首个由于气候变暖导致海平面上升而迁徙的国家。

自然环境的变化除了带来气候异常，对生物多样性也带来不可逆的影响。研究显示，在单位时间内或一段时间内，多个物种随着时间的变迁呈逐渐消失的趋势。《科学新闻》杂志的研究人员在科学研究的基础上，作出了“第六次物种大灭绝已经悄然开始”的科学论断。这次物种的消失呈现新的特点，物种种类逐步减少消亡，现有存在的物种种群数量严重减少。为了适应生态系统变化规律，精准控制资源消耗与资源再生能力的平衡，将人类生产生活需求控制在自然承载能力的阈值范围内，成为人类平衡自然环境问题与自身可持发展的核心问题。

2.2.3 我国生态系统问题

地大物博是我国生态系统的优势，同时我们也应该对我国自然资源与环境的先天不足之处有清晰而理智的认识。在我国 960 多万平方公里的国土面积中，52%的面积由干旱和半干旱地区组成，高寒地区也幅员辽阔，在目前的科学与技术条件下可以开发利用的土地并不多，除此之外，黄土高原水土流失涉及的国土面积达到 60 万平方公里，西南地区存在石漠化的岩溶地区面积达 90 万平方公里，我国生态系统面临巨大的危机与潜在威胁。

我国生态系统具体问题如下：人口数量总数巨大，生态环境不完善，存在天然缺失，自然资源在某些方面存在短缺；生态系统生物多样性受到巨大削弱，生物种类不断减少，生态系统功能退化消失；水土流失严重，土壤荒漠化面积扩大，生物安全问题突出；大气、水、土壤等环境要素污染严重，环境影响相互叠加严重；区域性健康疾病、地区性贫困问题和生态系统环境恶化联系紧密；经济、社会发展新变化和全球气候变化叠加进一步促使我国生态系统与环境恶化；污染物由单一种类，变为复合型污染物，污染方式由点源污染转变为面源污染，治理难度提升；生态系统生态赤字继续扩大，人类生产与生活对于自然资源需求不断增加，同时生态系统承载力不断下降，整个生态系统的生态盈余储备下降[31]。

2.2.4 生态问题带来的启示

有科学研究表明，产品输出、调节气候、文化传承、支持辅助是生态系统具备的四类服务功能。这四类功能，根据不同的服务对象与实际需求又细化为 17 种与人类生产与生活紧密联系的具体化功能。这些直接服务于人类生产与生活的功能，折合货币价值达到 33 万亿元人民币，充分显示出生态系统功能的重要性与价值。

联合国倡导并发起的“千年生态系统的评估”计划，旨在满足政策决策者对生态系统与人类福祉之间科学信息方面的需求，具体实施计划包括《防治荒漠化公约》《生物多样性公约》《迁徙物种公约》《湿地公约》。提供的科学信息主要有以下几个方面，整个生态系统服务功能的 60％不同程度都处于退化过程；与之前相比，人类在获取生态系统产生生态效益的成本不断攀升，人类后代子孙切实获得的生态效益将缩减严重；在 21 世纪前 50 年生态系统退化更加显著；调和日益增长的生态系统服务需求与生态系统功能退化严重的矛盾极为棘手。影响生态系统功能恢复的因素体现在：①对于既得利益发达国家不自愿放弃，对于恢复生态系统功能义务不履行承诺，对于自身产生的污染私自转移给其他国家或地区，对于自然资源无规则掠夺；②发展中国家在满足生存与发展需求的基础上，也不断对生态系统造成危害；③只顾短期利益，资源利用方式简单、效率低下；④生态系统问题出现、解决需要较长的时间，短期内效果不会显著。生态系统对外界影响的迟滞性，造成人类对生态环境问题的忽视，引不起足够高度的重视；⑤不同国家文化差异显著，认识生态系统问题层次不同，上升到理念高度仍然存在重重阻力[32]。

2.3　生态系统建设发展路径

生态系统多样性、稳定性、持续性需要进一步提升，重要生态系统保护和修复重大工程需要扎实推进，生物多样性保护重大工程要全面实施，草原、森林、河流、湖泊、湿地休养生息机制缺乏，耕地休耕轮作制度需要全面强化，外来物种侵害形势依然严峻。

2.3.1　提升生物多样性保护质量与水平

中国是生物多样性最为丰富的国家之一，同时也是生物多样性受威胁情况最为严重的国家之一。围绕生物多样性，我国开展了其保护、评估、监测、可持续利用的技术研究，设置保护区保护生物多样性，指导人类在生产与生活实践中常态化保护生物多样性，建立生态系统多样性信息系统，实现信息共享与实时动态更新。近年来，在经济快速增长的背景下，我国政府实施了一系列促进生物多样性就地保护的项目与措施，例如自然保护区建设工程、野生动植物保护、天然林保护工程及退耕还林还草工程等[33]。我国针对生态系统恢复与提升，指明五个方向：生物多样性的保护与丰富、恢复退化生态系统功能、生态系统管理现代化、生态系统区域可持续发展、应对全球变化措施。

为了最大限度精准保护原生态生态系统生物多样性，我国的各种类型、各种功能的自然保护地建设已经取得了巨大成就，如图 2-1 所示。截至 2018 年底，已经建立自然保护区 2750 个（国家级 474 个）。截至 2019 年底，还建立森林公园 3571 个（国家级 906 个）、国家湿地公园 164 个、风景名胜区 962 个（国家级 225 个）、世界自然文化遗产 18 处等，保护体系逐步完善。截至 2019 年底，已经建立了各级各类自然保护地约 1.18×10^4 处，大约覆盖了陆域国土面积的 18%，占领海面积的 4.6%[34-36]。

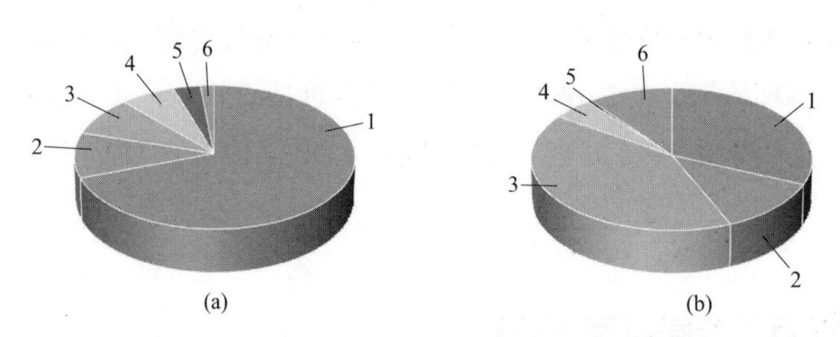

图 2-1　我国主要自然保护地面积（a）与数量（b）对比图[36]
1—自然保护区；2—风景名胜区；3—森林公园；
4—水产种质资源保护区；5—海洋公园；6—国家湿地公园

实施生物多样性就地保护，是指通过开展自然保护地体系的建立与管理，结合自然保护地以外其他有效的基于区域的保护措施（other effective area-based conservation measures，OECMs），从而实现物种种群及其栖息地的保护与恢复以及保障和提升生态系统服务的目标[36]。OECMs 因具有成本效益、能够兼顾经济社会因素、有效增强被保护区域的连通性等优点在国际上逐渐得到重视，被认为是能够大幅增加陆地和海洋受保护面积的新型保护工具。良好的连通性能促进物种和生态系统之间的良性关系，提高生态系统的稳定性，面对快速变化的社会环境，可以共同作用以支持区域内的生态系统过程和气候韧性。在实施保护措施时，以生物多样性为核心的目标常常与不断增长的社会和经济发展的需求相矛盾。在进行管理决策时，社会经济因素往往比生态环境目标更受重视。要想大幅提升全球受保护区域的面积，完全依靠建立自然保护地的单一手段将面临政治、经济和社会发展的多重挑战，一味追求划定更大范围的保护地也经常被诟病会损害原住民和当地社区的生存权益，影响公平性。因此，2020 年后更需要生态系统建设与社会经济发展双赢的就地保护措施[37-38]。

为进一步恢复生态系统原生态物种，预防生物入侵，我国建立了入侵物种的预防和控制管理规范制度，形成由农业农村部牵头，环保、质检、林业、海洋、科技、商务、海关等部门联合参与的外来入侵物种防治协作组，成立了外来入侵物种防治的专门机构，建立并完善了口岸有害生物疫情截获报送和通报制度，实现了疫情报送和通报网络化。围绕转基因安全生物监督管理，生态环境部建立了国家生物安全管理办公室。初步形成农业转基因生物安全管理体系，规范了转基因生物及其产品的研究、试验、生产、经营和进出口活动。转基因检测技术体系的建立，为林业转基因生物研究、试验等活动及各项管理工作的开展提供了技术支撑与监测[39]。

2.3.2　修复退化生态系统

在退化生态系统的恢复技术和典型地区生态系统恢复方面，我国围绕干旱、半干旱区生态修复与植被建设、黄土高原的水土保持、岩溶地区的生态保护和生态建设等方面开展了重点研究。

森林生态系统恢复，可以从解决生物入侵、减少有害生物、消除生境污染、排除人为干扰、选择合适的宜林地、提高造林成功率等方面开展工作。经过不断努力，我国建设了天然林保护工程、三北和长江中下游等地区重点防护林建设工程、退耕还林还草工程、环北京地区防沙治沙工程、速生丰产用材林为主的林业产业基地等生态工程项目[40]。

农田生态系统的核心要素是耕地，农田土壤重金属污染问题备受关注。农田的重金属积累使得土壤肥力下降、土壤退化和可利用耕地面积减少，且受污染农田的重金属通过食物链在植物、动物和人体内富集，威胁着人体健康。农田生态系统重金属修复，采用物理、化学、生物和农业生态修复等技术方法，例如客土法、热解吸法、土壤淋洗、植物和微生物修复、调整农田耕作制度等一系列农田重金属修复技术。施用钝化剂吸附、沉淀或络合重金属技术被广泛用于农田重金属的修复，降低重金属的流动性和生物利用率，从而减少重金属在食物链上的传递[41-42]。

草地生态系统不仅是自然系统重要的天然安全屏障，也是畜牧业发展的关键依托。草地生态系统中草地的退化，是草地生态系统在自然演化过程中，自身结构与服务功能、能量信息循环过程衰退恶化的结果。恢复草地是草地生态系统发挥功能提供服务产品、可持续发展的关键途径，具体恢复方式要依据实际草地退化现状与趋势精准确定；针对没有出现退化的草地生态系统，以草定牧，实行与草地生长规律相适应的合理放牧管理制度，制定与实际环境演变相统一的生态系统管理制度；出现退化的草地生态系统，首先要找到引发草地退化的根源与影响因素，消除影响根治根源，并进行一定时间的禁牧封育管理，实现草地生态系统的自然演替、自我恢复；关键要素缺失、功能严重退化并消失的草地生态系统，通过人工修复关键要素促进生态系统恢复[43]。为此，需开展大量关于草地生态恢复的技术研究，提出新理论，消除自然因素（气候暖干化、风蚀、鼠虫害、水土流失、沙化等）和人为因素（毁草种田、超载过牧、滥挖药材、工程建设、捕杀野生动物等）的影响，研发更多草地恢复治理新技术，为有针对性地分类施策、分类治理提供科技支撑[44-45]。开展区域草地生态系统服务功能的监测评估并优化生态补偿机制，形成生态适应性的综合管理模式与示范[46]。

水是生态系统物质循环和能量流动的重要纽带，水生态系统修复在区域生态系统修复中起到关键作用。水域生态系统修复，应从生态系统服务功能的视角来理解、保护和修复。核心关键措施包括：保障水源涵养和洪水调蓄安全格局，给水自由的空间，通过水安全格局的规划，划定人-水交集边界，奠定人水和谐共生的空间格局；提高水域生态系统韧性，即构建海绵国土——包括海绵城市、海绵田园等——来实现城水相融，而核心就是源头就地滞蓄、过程减速消能、末端弹性适应；修复水生环境与生境，去工业化、变灰为绿、削减人工合成化学物质的危害；重建水与田园、人与其他生物的和谐共生关系，使水生态系统蓝绿交织、清新明亮[47]。具体步骤包括：系统评价不同尺度水生态系统健康状况，识别区域水生态系统面临主要干扰，确定现状受干扰水生态系统所处的退化阶段；根据水流级别、生态功能及其在生态水文过程中的作用，确定水生态系统重要（敏感）部位和关键节点，建立水生态系统整体和局部的关系；确定生态修复的整体目标，基于当前受损水生态系统所处的阶段，根据未来社会经济发展需求，确定参照水生态系统；建立不同阶段具体修复目标；确定生态修复的整体目标，基于当前受损水生态系统所处的阶段，根据未来社会经济发展需求，确定参照水生态系统；建立不同阶段具体修复目标；修复效果的指标选取；根据区域特点，以修复参照水生态系统为目标，确定不同尺度下适宜区域特点的河流健康指标、流域景观合理配置指标和区域人水和谐指标；建立区域水生态系统修复管理模式和制度，如河长制、最严格水资源管理制度和水污染防治管理办法等，为区域水生态系统可持续发展提供保障[48]。

城市生态系统是社会-经济-自然复合生态系统。城市生态系统修复的实质是协调好城市复合生态系统的自然过程、经济过程和社会过程之间的关系，促进复合生态系统的各方面协调高效可持续发展[49]。

城市生态系统修复，首先应当理顺自然、经济、社会三者的逻辑关系，以生态过程的修复为基础，尤其是城市典型的生态环境问题，需得到充分重视，只有健康稳定的生态系统才能持续支撑城市经济和社会的长远发展；积极探索科学合理的公众参与机制，同时注重平衡多数人和少数人、一般人群和特殊群体之间的关系，协调政府、企业、社会组织、居民间的关系，形成多元的参与、决策、评判和监督机制等；应注重合理权衡生态系统修复的主要功能和次要功能，探索目标制定和价值权衡的原则与方法；推动形成完善高效的管理机制，注重法律法规、标准、指南、规范等的研究和制定，使研究成果尽快与国家、地方、行业和团体等管理体系相互衔接[50-51]。

对于荒漠生态系统破坏严重的区域，为加快生态修复的步伐，可采取封禁、雪播或飞播抗旱物种种子等一系列人工辅助措施进行生态修复工作，即把人工辅助治理措施与生态自我修复有机结合起来，协调有序地推进荒漠生态系统的水土流失防治工作；从理论上深入分析荒漠生态系统的功能提供各种生态服务的过程，辨识各种生态服务之间的协同-权衡关系，完善荒漠生态系统功能与服务的评估体系，优化评估方法与参数；利用历次全国荒漠化和沙化监测数据及荒漠生态站长期监测数据，开展全国荒漠生态系统功能与服务的连续定量评估，准确量化评价全国荒漠生态系统的功能提升与服务增效成果；在荒漠生态系统服务评估的基础上，还需要针对沙地、沙漠和戈壁等主要荒漠生态系统类型，构建荒漠生态资产核算体系，把荒漠生态资产核算与国民经济核算体系相对接，编制荒漠生态资产核算账户与资产负债表，从而为荒漠生态系统质量的整体改善和生态产品供给能力的全面增强提供科学决策依据；在荒漠生态系统区域实施生态修复，关键在于制定一个切实可行的保护和合理利用规划，要坚持科学的生态修复观，在顺应荒漠生态系统组成要素自然发展规律的同时，辅以科学的调控与管理[52-53]。

2.3.3 优化生态系统管理

生态系统管理主要包括生态系统的类型及功能分区、生态系统服务、生态系统服务价值评估。

生态系统的类型和功能分区，依据区域的生态承载力特征，对多种生态环境问题的敏感性进行综合分析，按照主体功能进行分区。

生态系统服务是基于生态系统格局、过程和功能，自然生态系统为人类福祉所提供的各种服务与产品[54]。生态系统格局、过程与功能是生态系统服务产生的基础；生态系统功能与生态系统服务不是一一对应的；生态系统的服务和产品相互依存；生态系统服务不需要人类，而人类福祉却离不开生态系统服务。

生态系统服务价值评估的研究涉及范围广泛，推广与支撑价值大，我国制定了生态系统服务标准，对不同尺度和多种类型的生态系统进行了评估，提高了公众对生态系统的保护和管理意识，为生态补偿提供了科学基础。生态系统服务价值评估在发达国家广泛开展，我国为了推动生态文明建设，在全国不同省份区域开展，以不同类型进行统计，总共评估类型达到 230 种。其中具有代表性的实践成果是对森林生态服务价值评估方法进行了初步规范化，首先把我国森林生态系统分为涵养水源、保育土壤、净化空气、积累营养物质、固碳释氧、森林防护、生物多样性保护、森林游憩八种类型；其次根据不同类型森林生态系统，制定与之功能相适应的评估指标体系，进行科学精准的价值评估。全国第八次森林报告表明，森林生态系统服务价值从10万亿元增长为13万亿元，整个森林生态系统整体服务功能有显著提升[55]。

生态系统管理过程中存在的突出问题包括：生态系统功能基础研究缺乏；指标选取具有任意性；计算方法存在差异性、重复计算；非市场部分估值存在不确定性；理论数据与现实感受的差异化矛盾。

2.3.4 积极应对气候变化对生态系统的影响

以全球气候变暖为主要特征的全球变化已对地球生态系统以及社会经济发展等产生了巨大影响，成为人类社会生存与发展的重大挑战之一。生态系统即一定空间范围内，生物群落（生产者、消费者和分解者）与其所处环境形成的相互作用的统一体[56-57]。

生态系统以其结构和功能为特征，结构反映了生态系统的组织方式，例如，空间自然特征、物种组成、能量和物质的分配，以及营养或功能组织。功能反映了个体之间、群落和非生物环境之间的能量和物质交换，以及对非生物环境的生物改变，包括对土壤和气候的改变[58]。

自然或人为因素的干扰是全球变化的根源，人类活动在其中占据主导地位，是主要的驱动力，最终导致地球系统发生整体改变或部分调整，资源环境要素和生态系统结构与功能的时空变化是最突出的表现。应对全球变化对生态系统的影响，可以从以下几个角度开展研究与工作：加强全球变化驱动因素精确识别研究，尤其是评估人类活动的影响，以提高资源优化配置、环境保护和生态系统应对的能力；构建全球变化以及资源环境要素和生态系统响应的系统模型，揭示全球变化、陆表过程和人类活动的响应、适应和反馈机制；强化未来全球变化及其对资源、环境和生态系统影响的情景模拟和预警研究，以及加强自然、社会、经济系统的耦合，以支持区域科学地、有针对性地决策[59]。

2.3.5 构建区域创新生态系统

区域创新生态系统是指创新主体在创新过程中为了应对外部各种风险和挑战，以技术标准为创新纽带，以知识创造为核心，突破原有的地域和行业界限，通过协同互助、共同进化形成动态共生的可持续发展的高科技空间，在外部环境的影响下不断进行自我完善，平衡协调研究、开发和应用三者之间的关系，实现区域内各生态系统主体的可持续发展[60]。要从自然生态系统理论视角剖析创新发展的过程，通过赋予创新生态化内涵揭示创新体系发展的优势以及存在的问题。创新生态系统是提升区域精准、可持续发展质量的创新路径。

区域创新生态系统已经成为时代的浪潮，以区域为中心进行可持续发展，发挥生态系统的作用。绿色城市、山水城市、生态园林城市、环保模块城市、森林城市、生态城市、生态文明试验区等都是区域创新生态系统的成功案例。

区域创新生态系统发展应加强生态文明理念的融合，建立更加规范的指标体系，把生态文明建设放在突出地位，融入经济建设、政治建设、文化建设、社会建设各方面和全过程。中共中央办公厅、国务院办公厅印发的《关于设立统一规范的国家生态文明试验区的意见》，加速了生态文明理念在区域创新生态系统的落实。例如：浙江省在湖州、嘉兴、义乌、临安等地建立生态文明建设区试点；闽、黔、赣三省在 2016 年细化了相关要求，首先提出了生态文明城市的规范、标准、指标体系。

区域创新生态系统可持续发展路径主要有以下几个方面：

① 在我国区域创新生态系统可持续发展能力整体水平较低的现状基础上，首先应该致力于培育创新主体和完善创新生态环境。从区域创新生态系统机制出发，注重系统内部创新主体研发能力，保证创新资源的供给，支持和鼓励自主创新，发挥政府的引导作用，为系统的可持续发展奠定基础。

② 提高区域创新生态系统内部以及不同区域创新系统之间的交流和合作，改善我国区域创新生态系统可持续发展水平不均衡的问题。通过创建线上交流合作平台，加强不同创新主体之间的交互耦合和创新合作，促进区域间和区域内部相互学习和经验借鉴，促进跨区域创新生态系统的涌现，同时利用好已有技术服务平台，为中小企业提供资金和技术支持，提高创新资源的流通效率。

③ 可持续创新活力和可持续创新产出是阻碍我国区域创新生态系统发展的核心因素，需要统筹多元创新要素的协同作用，重点提升创新资源的利

用率和转化率，同时加强对社会公众的引导，提高社会群体创新的活力，最大化发挥创新要素的积极效应，提升区域生态系统的可持续创新能力[61-62]。

2.4　全面提升生态系统服务功能

生态系统服务功能需要全面提升，与经济社会发展相适应，需要理念创新、技术创新和制度创新。

（1）理念创新

理念创新就是在科学发展观、生态文明、美丽中国、“绿水青山就是金山银山”的指导思想下，科学认识和提升生态系统的服务功能，打破狭隘的部门观念，在理念上因地制宜、分类指导，同时扩大对外开放交流和公众的参与程度。区域生态的形成，包括生态环境、人居环境、生态产业，更要突出生态文化的地位，用生态文明来总揽全局，协调各方面的关系。

发挥生态系统功能需要建立循环经济模式与技术绿色核算机制，完善服务功能的量化与其经济核算体制的结合，关注对全球变化的影响和响应，健全监测评估制度。兼顾生态系统的保护与群众改善生活的迫切需要。例如，森林生态系统中，通过林业开发与建设提升系统内居民生产生活质量周期漫长，远水不解近渴。通过选择生长周期短的树种，精细化管理培育，加大经济林的栽种比重，在条件满足的区域积极开展农林复合经营，发展林下经济，要充分发挥挖掘林业的经济潜力，促进农民快速增收致富，实现森林生态系统服务增值。

此外，还需要注意生态系统旅游产品精细开发，强化经营管理方法，降低生态环境提供生态服务产品的自身消耗；充分利用丰富的生态系统资源，加大生态系统旅游资源开发力度，促进生态系统旅游产业发展；从生态旅游产业特点出发，拓展和深化生态旅游内涵，重点开发一批具有一定观赏价值和文化内涵的生态旅游产品。

（2）技术创新

技术创新是在创新理念的指导下，以创造新技术为目的的创新或以科学技术知识及其创造的资源为基础的创新[63]。主要路径包括：因地制宜、分类指导，建立具有我国特色的可持续生态系统发展体系；新技术的创造、发明和传播，突出与绿色经济、循环经济的结合和非生态产品的融合发展；文化遗产持续深度挖掘、传承保护、文化遗产新时代创新高质量发展；创建示范区，打造示范工程，加强示范培训和能力建设，提升示范效应；加强标准化建设，建立技术创新认证制度；提升生态系统主体创新能力，构建多元化服务产品体系；提高服务组织服务水平，共同促进生态系统产业协同发展；加大生态系统品牌建设力度，提生态系统产品竞争力。

在我国，自然文化遗产保护一直受到重视，成效显著。但是与农田生态系统相关的文化遗产保护没有引起足够重视，甚至被遗忘。我国长期以来以农立国，农业方面的丰富遗产对我国与世界是一笔宝贵的财富。联合国粮农组织于 2002 年发起了“全球重要农业文化遗产”保护项目，在全世界范围积极推广，由于我国自身农业文化遗产历史悠久、丰富，同时我国政府积极响应联合国保护项目推动项目实践，我国取得了农业、农田生态系统方面遗产的突出成就，从 2002 年到 2005 年，我国已经有 11 个项目被列入世界农业遗产，占据世界的三分之一。中国针对国内农田生态系统，成立了自己的农业文化遗产项目，积极对相关农田生态系统进行保护。

（3）制度创新

制度创新是生态系统持续完善的重要保障，创新则是生态系统制度得以完善和发展的必然要求[64]。制度创新主要包括：生态系统抚育更新管理制度、生态系统开发利用方案编制制度、生态系统主体所有权改革与参与制度、生态系统监测评估制度、碳达峰碳中和碳交易制度、非生态产品法律和政策、生态系统价值绿色核算机制、生态补偿机制等[65-66]。

生态修复与生态保护等生态系统自然补偿机制，是随着经济社会发展，进入新时代的发展趋势。浙江省一直走在全国前列，具有多样的生态系统、丰富的自然资源和名人辈出的特点，具有光辉灿烂的文化遗产。经过不懈努力，浙江最先参加生态环境部生态评比，是第二批全国文明建设试点。全省森林公园的面积、自然保护区的面积、森林面积在全国都是名列前茅。除此之外，浙江森林生态系统多样化价值高达 826 亿元，森林生态系统多样化发展带动了农民的致富，这个模式包括林粮、林禽、林茶等；农业和加工业及服务业深度融合，注重经济产品的加工，延长了产业链；不同地域因地制宜，发展循环经济，也使得各地都有了自己的特色产品；将自然景观与人文景观的交互融汇，展现出天人合一的生态和谐愿景。

“绿水青山就是金山银山”的发展理念提出了新的更高的要求，需要我们用科学发展观和生态文明来指导建设，用创新、协调、绿色、发展、共享的理念对生态系统功能进行提升，为中华民族伟大复兴和美丽中国建设再创辉煌，做出新的更大的贡献。

参考文献

[1] 郭保祥，聂玉明，张瑞刚，等. 山西省生态系统服务多尺度特征及其驱动因素分析[J]. 人民长江，2022，53(05)：75-81.

[2] 杨元合，石岳，孙文娟，等. 中国及全球陆地生态系统碳源汇特征及其对碳中和的贡献[J]. 中国科学：生命科学，2022，52(04)：534-574.

[3] 刘向南. 18亿亩的红线守住了,但威胁子孙后代的是耕地质量[EB/OL]. [2023-03-16]. https://www.inewsweek.cn/cover/2022-06-16/15895.shtml.

[4] 杨颖，郭志英，潘恺，等. 基于生态系统多功能性的农田土壤健康评价[J]. 土壤学报，2022，59(02)：461-475.

[5] 周国逸. 中国森林生态系统固碳现状、速率和潜力研究[J]. 植物生态学报，2016，40(04)：279-281.

[6] 高帆，彭祚登，徐鹏. 1977—2018年贵州省森林生态系统服务功能评估[J]. 生态科学，2022，41(04)：181-188.

[7] 黄麟，刘纪远，邵全琴，等. 1990—2030年中国主要陆地生态系统碳固定服务时空变化[J]. 生态学报，2016，36(13)：3891-3902.

[8] Dixon R K，Solomon A M，Brown S，et al. Carbon pools and flux of global forest ecosystems[J]. Science，1994，263(5144)：185-190.

[9] 杨玉盛. 全球环境变化对典型生态系统的影响研究：现状、挑战与发展趋势[J]. 生态学报，2017，37(01)：1-11.

[10] 王军邦，陈惺，欧阳熙煌，等. 2000—2018年中国陆地生态系统生态质量指数[J]. 中国科学数据(中英文网络版)，2023，8(03)：1-9.

[11] 刘世荣，代力民，温远光，等. 面向生态系统服务的森林生态系统经营：现状、挑战与展望[J]. 生态学报，2015，35(01)：1-9.

[12] Leach M，Mearns R，Scoones I. Environmental entitlements：dynamics and institutions in community-based natural resource management[J]. World Development，1999,27(2)：225-247.

[13] Mauro F，Hardison P D. Traditional knowledge of indigenous and local communi-

ties：international debate and policy initiatives[J]. Ecological Applications，2000，10(5)：1263-1269.

[14] Lu M，Zhou X H，Yang Q，et al. Responses of ecosystem carbon cycle to experimental warming：a meta-analysis[J]. Ecology，2013，94(3)：726-738.

[15] 陆姣云，张鹤山，田宏，等. 氮沉降影响草地生态系统土壤氮循环过程的研究进展[J]. 草业学报，2022，31(06)：221-234.

[16] 张晓宁，李晓丹，年丽丽，等. 基于文献计量的草地生态系统水源涵养功能研究现状[J]. 草业学报，2022，31(06)：35-49.

[17] 刘宥延. 草地生态资产与生态系统服务概念与特征[J]. 草业科学，2022，39(04)：795-805.

[18] 叶延琼，章家恩，陈丽丽，等. 广州市水生态系统服务价值[J]. 生态学杂志，2013，32(05)：1303-1310.

[19] 张蕾，郭硕，晁春国，等. 北京城市副中心新建景观水体的水生态环境变化规律[J]. 环境科学研究，2022，35(04)：989-998.

[20] 韩梦涛，涂建军，徐桂萍，等. 黄河流域水域生态系统服务与经济发展时空协调性[J]. 中国沙漠，2021，41(04)：167-176.

[21] 刘玲玉，杨萌，石龙宇. 粤港澳大湾区生态基础设施建设可行性分析与政策建议[J]. 生态经济，2022，38(04)：223-229.

[22] 王长建. 粤港澳大湾区城市群生态系统及人地关系可持续[J]. 科技管理研究，2021，41(13)：71-76.

[23] 王小涵，黄绍敏，张浪，等. 城市绿地土壤质量研究进展[J]. 中国园林，2022，38(03)：96-100.

[24] 张志山，杨贵森，吕星宇，等. 荒漠生态系统C、N、P生态化学计量研究进展[J]. 中国沙漠，2022，42(01)：48-56.

[25] 卢建男，刘凯军，王瑞雄，等. 中国荒漠植物-土壤系统生态化学计量学研究进展[J]. 中国沙漠，2022，42(02)：173-182.

[26] 于钊，李奇铮，王培源，等. 退化和恢复过程驱动的荒漠草地生态系统有机碳密度变化[J]. 中国沙漠，2022，42(02)：215-222.

[27] 肖生春，肖洪浪，卢琦，等. 中国沙漠(地)生态系统水文调控功能及其服务价值评估[J]. 中国沙漠，2013，33(05)：1568-1576.

[28] 程磊磊，却晓娥，杨柳，等. 中国荒漠生态系统：功能提升、服务增效[J]. 中国科学院院刊，2020，35(06)：690-698.

[29] 王浩，李文华，李百炼，等. 绿水青山的国家战略、生态技术及经济学[M]. 南京：江苏科学技术出版社，2019.

[30] 刘辉，白晓菲. “两山”理论的实践发展及其在生态文明中的意义[J]. 农业经济，2022(09)：41-43.

[31] 彭慧芳，刘春艳. 关于新时期保障国家生态安全的思考[J]. 环境保护，2021，49(22)：50-53.

[32] 王志恒，刘玲莉. 生态系统结构与功能：前沿与展望[J]. 植物生态学报，2021，45(10)：1033-1035.

[33] Lu F，Hu H，Sun W，et al. Effects of national ecological restoration projects on carbon sequestration in China from 2001 to 2010[J]. Proc Natl Acad Sci USA，2018，115(16)：4039-4044.

[34] 高吉喜，徐梦佳. 中国自然保护地 70 年发展历程与成效[J]. 中国环境管理，2019，11(04)：25-29.

[35] 栾晓峰，周建华，周楠，等. 东北林区自然保护区管理有效性初步评估[J]. 自然资源学报，2009，24 (04)：567-576.

[36] 王伟，李俊生. 中国生物多样性就地保护成效与展望[J]. 生物多样性，2021，29(02)：133-149.

[37] Bhola Nina et al. Perspectives on area-based conservation and its meaning for future biodiversity policy[J]. Conservation Biology，2020，35(1)：168-178.

[38] Alves Pinto Helena et al. Opportunities and challenges of other effective area-based conservation measures（OECMs）for biodiversity conservation[J]. Perspectives in Ecology and Conservation，2021，19(2)：115-120.

[39] 靳彤，杨方义. 中国社会公益保护地的现状评价与展望：中国环境发展报告(2019—2021)[M]. 北京：社会科学文献出版社，2021：37-51.

[40] 张韫，廖宝文. 我国红树林湿地生态修复技术研究现状分析[J]. 中国科学基金，2022，36(03)：412-419.

[41] 曾希柏，苏世鸣，马世铭，等. 我国农田生态系统重金属的循环与调控[J]. 应用生态学报，2010，21(09)：2418-2426.

[42] 黄益宗，郝晓伟，雷鸣，等. 重金属污染土壤修复技术及其修复实践[J]. 农业环境科学学报，2013，32(03)：409-417.

[43] 龙瑞军，董世魁，胡自治. 西部草地退化的原因分析与生态恢复措施探讨[J]. 草原与草坪，2005，25(06)：3-7.

[44] 秦金萍，马玉寿，李世雄，等. 春季放牧强度对祁连山区青海草地早熟和人工草地牧草生长的影响[J]. 青海大学学报，2019，37(04)：1-6.

[45] 马玉寿，周华坤，邵新庆，等. 三江源区退化高寒生态系统恢复技术与示范[J]. 生态学报，2016，36(22)：7078-7082.

[46] 孙建，张振超，董世魁. 青藏高原高寒草地生态系统的适应性管理[J]. 草业科学，2019，36(04)：933-938＋915-916.

[47] 俞孔坚. 构建和修复一个健康的水生态系统[J]. 景观设计学(中英文)，2021，9(04)：5-9＋4.

[48] 赵玲玲，夏军，杨芳，等. 粤港澳大湾区水生态修复及展望[J]. 生态学报，2021，41(12)：5054-5065.

[49] 屠星月，黄甘霖，邬建国. 城市绿地可达性和居民福祉关系研究综述[J]. 生态学报，2019，39(02)：421-431.

[50] 李锋，马远. 城市生态系统修复研究进展[J]. 生态学报，2021，41(23)：9144-9153.

[51] 刘金淼，孙飞翔，李丽平. 美国湿地补偿银行机制及对我国湿地保护的启示与建议[J]. 环境保护，2018，46(08)：75-79.

[52] 刘晋. 准噶尔盆地荒漠区梭梭灌木林的自我修复能力研究[J]. 中国水土保持，2006(03)：25-26.

[53] 高翔，温蕊阳，张杰，等. 中国荒漠类型自然保护区空间分布格局[J]. 兰州大学学报(自然科学版)，2023，59(01)：17-22＋28.

[54] 郭宗亮，刘亚楠，张璐，等. 生态系统服务研究进展与展望[J]. 环境工程技术学报，2022，12(03)：928-936.

[55] 许开鹏，迟妍妍，王晶晶，等. 克拉玛依区生态文明建设引导分区研究[J]. 石河子大学学报(自然科学版)，2019，37(02)：210-215.

[56] 朱诚，谢志仁，申洪源. 全球变化科学导论[M]. 南京：南京大学出版社，2003.

[57] 于贵瑞，徐兴良，王秋凤，等. 全球变化对生态脆弱区资源环境承载力的影响研究[J]. 中国基础科学，2017，19(6)：19-23.

[58] Schowalter T D. Insect ecology：an ecosystem approach[J]. Choice Reviews Online，2012，49(06)：49-61.

[59] 李玉强，陈云，曹雯婕，等. 全球变化对资源环境及生态系统影响的生态学理论基础[J]. 应用生态学报，2022，33(03)：603-612.

[60] 张贵，姜兴，蔡盈. 区域与城市创新生态系统的理论演进及热点前沿[J]. 经济与管理，2022，36(04)：42-51.

[61] 聂青云，赵振宇，郭润凡. 基于能源承载力的区域发展路径模拟——以北京市为例[J]. 生态经济，2022，38(05)：98-106.

[62] 张卓，曾刚. 我国区域创新生态系统可持续发展能力评价[J]. 工业技术经济，2021，40(11)：38-43.

[63] 孙志腾，刘文云，黄平平. 创新生态系统视角下科技情报服务体系构建[J]. 现代情报，2022，42(07)：147-155.

[64] 牛丽云. 青海打造生态文明制度创新新高地研究[J]. 青海社会科学，2021(06)：53-61.

[65] 曹富强. 我国现行林业法存在的问题及对策研究——评《美丽中国视域下的森林法创新研究》[J]. 林业经济，2021，43(02)：100.

[66] 白洋，胡锋. 我国海洋蓝碳交易机制及其制度创新研究[J]. 科技管理研究，2021，41(03)：187-193.

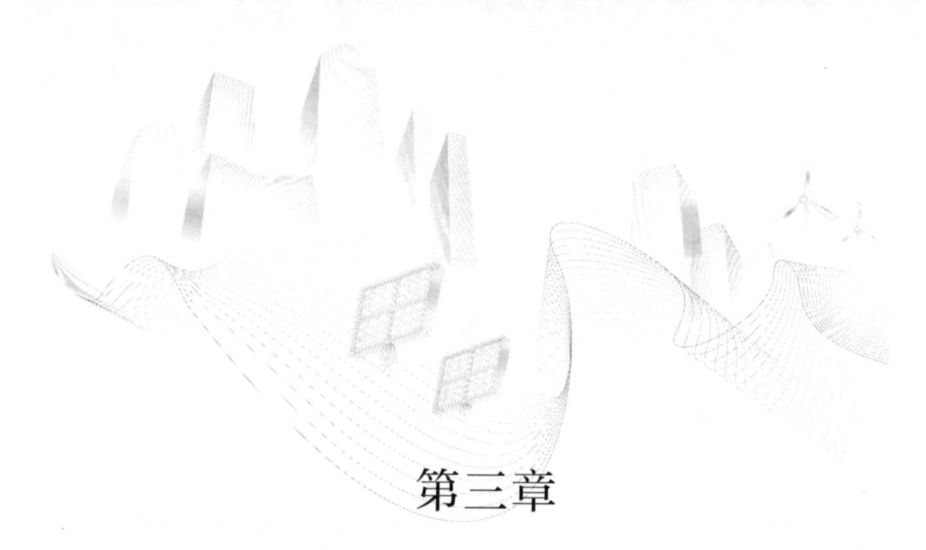

第三章

新型能源体系建设发展路径研究

“绿水青山就是金山银山”的绿色可持续发展理念，极大地影响和改变着中国的发展理念、发展思路、发展方式、发展成果、发展愿景。为了实现完全利用可持续能源的绿色发展，首先要对不同生态系统进行精准规划、实现服务功能复合化；其次结合能源产出、水处理、固废处理、垃圾处理、水体净化等自然资源保护与循环利用的模式，积极采用创新技术。

“碳达峰”和“碳中和”是我国“十四五”时期工作的重点内容，中央“十四五”规划建议在2035年目标中提出“广泛形成绿色生产生活方式，碳排放达峰后稳中有降”，在战略任务中提出“降低碳排放强度，支持有条件的地方率先达到碳排放峰值，制定二〇三〇年前碳排放达峰行动方案”[1]。习近平总书记提出2030年前中国二氧化碳排放达到峰值、努力在2060年之前实现碳中和的两个阶段奋斗目标，与我国建设现代化强国的“两步走”战略基本吻合[1]。为了实现“2030年前碳达峰、2060年前碳中和”目标，需要构建低碳经济体系，倒逼能源转型[2]。

不同生态系统都存在自然的物质循环，生态系统组成要素功能的实现需要相应的能源，能源同样是人类生产生活的物质基础，是人类文明进步与社会发展的推动力。工业文明在化石能源使用与转化过程中取得了巨大的进步，产生的废弃物使环境问题变得突出、气候变化无规律可循、安全问题异常突出，成为生态系统失衡的重要因素之一。能源勘探、生产、转化、输送、利用全环节的低碳设计、绿色可持续化发展是消除生态环境影响，实现生态文明建设的重要措施。当前，全球能源系统处于转型高质量发展期，发展清洁低碳能源、优化能源结构对于中国乃至全球经济社会可持续与协调发展都具有重要意义。

清洁能源内涵包括能源清洁化、高效化、系统化技术体系；能源生产、输送、转化、使用过程中的高利用效率与显著经济性；能源本身与技术以及转化后产物对生态系统其他要素无影响。清洁能源主要分为可再生与不可再生两类。

可再生清洁能源是资源物质主体经过转化过程，实现能量利用功能后，可在短暂周期内循环恢复与更新。太阳能、水能、风能、生物质能、潮汐能、海洋温差能、地热能、氢能等是现阶段常见的可再生能源[3]。

不可再生清洁能源主要是指资源被人类开发与利用，需要经过比人类历史更漫长的时间与复杂的环境与过程才可以重新生成的一类清洁资源。常见的包括低污染的化石能源（如天然气等）和利用清洁能源技术处理过的化石能源，如洁净煤、洁净油等[4]。

能源安全是保障经济社会高质量发展的关键保障，为生态文明的建设注入了活力。世界各国和主要经济体加大对清洁能源技术研究、科技投入、资金保障、社会关注，加速推进能源的清洁化处理，实现传统能源向低碳、高效的清洁能源的跨越式发展。能源低碳化、能源无碳化、能源复合化、开发利用过程的高效化、转化过程清洁无害化是当今世界清洁能源发展的主要趋势。

3.1 能源体系的转型发展

3.1.1 能源体系的更新与变化

优势突出、成本可持续降低是可再生能源的特点。例如利用太阳能生产电能，2022 年成本为 100 美元/兆瓦，10 年前的成本则为 600 美元/兆瓦，当下成本已经与化石燃料生产电能的成本持平，而且仍有持续下降的空间，这势必使能源格局发生根本改变。由于科技的创新，电动汽车用锂离子电池成本不断降低，性能逐步提升，使电动汽车更加经济、更具竞争力。

数字化是影响生态文明建设的另外一个重要因素，能源产业在数字化领域是先驱者，电力公司早在 20 世纪 70 年代就通过数字控制技术优化电网电力的运营与调度管理。同样，石油、天然气、石化企业利用数字化的精准与高效性，一直将其用于地质勘探与生产决策控制。工业产业部门，通过数字化过程控制与产业自动化，将产品质量与产出效率提升到现有工艺下的最大限度，将能源利用率提升至最高，同时随着工艺技术的进步持续提升。

3.1.2 能源体系演变的动力

能源系统演变的主要动力是消除 GDP 增长与碳排放增长的紧密依赖关系，实现 GDP 增长绿色化、无碳化。碳排放增长是引发气候、环境变化的重要因素，给全人类生存发展带来巨大挑战，影响世界各国的水安全、粮食安全、能源安全、环境安全、国家安全。世界各主要经济体，都在采取措施逐步实现 GDP 增长与碳排放的剥离脱钩。

有学者对 2000 年至 2015 年间全球 GDP 增长与碳排放的关系进行了长期研究，结果发现 2000 年至 2005 年 5 年间，GDP 增长与碳排放增长速度曲线几乎重合，从 2006 年起 GDP 增长与碳排放增长速度曲线开始分离，碳排放增长速度曲线斜率变缓，2013 年出现了显著分离，2014 年与 2015 年碳排放增长为“0”，与此同时全球 GDP 依然保持显著增长。

联合国于 2015 年通过“2030 年议程”，确定了新的可持续发展目标，突出将能源发挥支撑人类发展与繁荣的关键作用，享受安全、高质量、可持续的现代能源是每一个人的权利。实现这一目标主要通过科学技术的改进，例如超高压输电技术、太阳能和分散式供电方式、“光伏＋铁路”柔性支架光伏示范技术、照明和电器与数字移动平台相结合新业务模式等。

驱动能源转变除了人类生产、生活需求外，还有能源转换过程中涉及的关键要素，例如电能生产过程中需要用水进行冷却，可再生生物燃料的初始作物原料要依靠水才能生长，多梯级水力电站水是核心要素。因此与不同能源产生全过程相关的关键要素的变化与安全成为能源系统演变的其他因素。

大力开发核能、水能、风能、生物能源；发展混合动力车；发展光伏、建筑节能、进口天然气、勘探新能源成为推动低碳化发展道路的主要趋势。

3.1.3　多元赋能探索可再生能源跨越式发展

新时代生态文明建设过程中，要把促进新能源和清洁能源发展放在更加突出的位置。党的十八大以来，我国以水电、风电、光伏发电为代表的可再生能源实现跨越式发展，装机规模稳居全球首位，发电量占比稳步提升，能源结构调整和减碳效果逐步显现。

2022年1～5月份，全国可再生能源发电新增装机4349万千瓦，占全国发电新增装机的82.1%，可再生能源已成为我国发电新增装机的主体。可就在十年前，当时我国新能源发电占比只有2.7%，能源结构偏煤、能源效率偏低，支撑了我国经济高速发展的同时也伴随出现了能源生产和消费对生态环境损害严重等问题。

2014年6月，中央财经委员会第六次会议提出能源安全新战略，推动能源消费革命、能源供给革命、能源技术革命和能源体制革命，全方位加强国际合作，着力构建清洁低碳、安全高效的能源体系。党的十八大以来，我国能源领域一系列重磅规划和政策密集出台，形成了推进能源革命的战略规划体系。与此同时，深入推进电力、油气体制改革，特别是积极培育能源战略性新兴产业，明确能源科技创新15个重点方向。

十年间，我国可再生能源发电总装机达到11亿千瓦，水电、风电、光伏发电、生物质发电装机规模稳居世界第一。其中，风电光伏并网装机合计6.7亿千瓦，是2012年的近90倍。

十年间，我国已形成较为完备的可再生能源技术产业体系。水电领域具备全球最大的百万千瓦水轮机组自主设计制造能力，光伏发电技术快速迭代，多次刷新电池转换效率世界纪录。低风速、抗台风、超高塔架、超高海拔风电技术位居世界前列，10兆瓦海上风机开始批量生产。

十年间，可再生能源为我国的生态文明建设做出贡献。仅2021年，我国可再生能源开发利用规模相当于7.53亿吨标准煤，减少二氧化碳、二氧化硫、氮氧化物排放量分别约达20.7亿吨、40万吨与45万吨。

2022年1月，中央政治局第三十六次集体学习明确提出，要加大力度规划建设以大型风光电基地为基础、以其周边清洁高效先进节能的煤电为支撑、以稳定安全可靠的特高压输变电线路为载体的新能源供给消纳体系。

当下的中国，从沙漠戈壁到蔚蓝大海，从世界屋脊到广袤平原，可再生能源发展展现出勃勃生机。在金沙江上，世界第二大的白鹤滩水电站累计生产清洁电能突破300亿千瓦时，不断提升我国电力供应保障能力。在浙江温岭，全国首座潮光互补型光伏电站已投入运行。我国以沙漠、戈壁、荒漠地区为重点的大型风电光伏基地建设也已拉开大幕，目前第一批约1亿千瓦的大型风电光伏基地项目已开工超过9500万千瓦。“十四五”时期，我国可再生能源发电量增量在全社会用电量增量中的占比将超过50%，风电和太阳能发电量将实现翻倍[5]。

3.2 新型能源体系构成

高效性是新时代创新能源系统的核心指标，绿色、安全、高效、精准性的清洁能源是新时代能源系统转型的主要方向。能源本身固有性质是客观的，实现能源的清洁要覆盖能源利用的全过程，针对能源的性质、规律，制定相应政策，研发工艺技术，设计产业化设备，建立数字化控制平台，提升能源消费群体高效意识，实现清洁能源开发利用多元化与多样化。例如，太阳能、风能、潮汐能是常见可再生能源，存在很大的不确定性与间断性，容易受气候、季节、时间等条件的影响，无法保障能源消费端供应的连续性、稳定性和安全性。可以通过可再生能源与清洁型化石能源综合供给，互相补充自身劣势，扩展可再生能源应用领域，降低化石能源的碳排放。

“能源产生—能源输送—能源配给—能源利用”是传统能源系统的主要组成部分，主要考虑从能源角度设计的能源系统，重点关注能源供给端，随着能源供给端的多样化，能源供给呈现多样规律，能源系统需要关注所有元素进行整合利用。创新能源系统从多维度、立体化、全过程综合考虑能源效率，首先关注如何提高清洁能源的利用效率；其次关注如何提升电站、电机等发电设备的动态运作效率；最后是能源消费终端，也是能源做功后能量形式的转换，主要协助使用者提高用户端的管理质量和效益[6]。

3.3 新型能源体系建设发展策略与路径

3.3.1 能源体系创新维度

国家能源政策目标，首先确保能源安全，也就是市场稳定供应；其次，提高能源利用效率，即尽可能用最少的能源消耗换来更多的GDP；最后，兼顾维护社会公平，确保相关利益方的利益得以保障[7]。

能源利用的精准灵活、成本的降低、技术创新是能源系统创新的维度。一般能源供给与能源消费同时存在，相互之间缺少平衡。能源形式的多样化对能源系统的储存、传输、管理等方面提出更高的精准性与灵活性要求。以往能源系统侧重以能源供给端的控制实现能源系统的平衡。创新能源系统则更加重视对需求消费端的控制与精细化管理，更大程度地降低成本。

3.3.2 实施能源体系全产业链科技攻关战略

强化科技创新推进技术升级，归根结底源自技术进步和人才创新能力的提升。必须强化科学研究对能源利用和生态治理的聚焦与推广，全面提高能源产业从业者素质，融合高效技术措施，推动人力资源与技术资源的互补与嵌入，为能源系统绿色转型储备动能[8]。

突出国家科技战略统领，制定能源系统科技发展规划，谋划能源产业绿色、可持续化发展技术路线图，实施能源领域科技重大专项攻关计划，围绕新型能源系统培育、构建国家实验室及创新平台，将一批重大技术项目列入国家级科技计划支持，加快实现在新型清洁能源发电、新型能源系统高效稳定控制、高效绿色输电方式、新型绿色储能技术装备、多能源（电氢碳）协同利用技术等领域的关键技术突破，着力推广先进适用性技术规模化示范工程，持续加强对能源系统创新关键技术研发和示范工程支持力度，制定完善配套的科技政策，推动实现更加强劲、绿色、健康、可持续发展。

3.3.3 立足我国能源禀赋推进能源革命

（1）建立新能源矿产保障供应新机制

新能源是能源系统绿色低碳发展的核心动力，新能源产业形成与发展壮大，需要与其相关产业链的支撑，其中新能源产生过程中涉及的矿产资源的充足储备与稳定供应，是保障替代传统化石能源，加快和推进美丽中国建设的物质基础。例如，太阳能光伏产业的关键技术是光伏硅料的生产，处于光电产业最上游。光伏硅料的生产需要大量硅质原料供应。我国的硅质原料储量相对丰富，但多数硅矿石品位低，地域分布不均衡，储量有限，开发利用效率低，经济效益不高。因此，高纯度硅质原料依赖进口，成为制约我国太阳能光伏产业发展的关键因素之一。硅质原料的安全稳定供应是太阳能光伏产业绿色低碳发展的关键。

与新能源发展相关的其他矿产资源，如锂、钴、镍、铝、铜、铂等，同样也是我国新能源产业发展所需的重要矿产资源，需要建立起切实有效的保障机制，健全政策法规体系，加大国内资源勘查开发，开展国外资源合作开发利用（包括技术合作），保障产业可持续发展。新能源产业链的健全具有重大战略意义和价值，国家应高度重视矿产资源安全稳定供应，做好顶层设计，并采取行之有效、切实可行的管控和保障措施[9]。

（2）加强国际合作，提升能源合作水平

强化国际合作是为了应对国际政治势力对能源开发利用干扰破坏，提升能源利用效率，实现更加强劲、绿色、健康的全球发展，具有积极、重大的意义。国际合作双方以战略合作为基础，通过互谅互让双赢的方式，彼此消除、降低、减少双方能源合作的政策性和制度性障碍，以合作共赢理念谋求双方共同利益关切点。

在能源技术、金融支持领域，针对国际不友好势力的打压与封锁，加强与友好及中立国家的沟通和互利合作，扩大绿色能源领域的全方位深层次合作，技术攻关与创新同步开展，通过自主研发实现绿色能源关键领域的技术突破，降低对外部技术的依赖程度，共同努力实现能源系统高质量发展[10]。

（3）统筹兼顾利益平衡、市场机制，建立绿色金融保障体系

扭转一直以来能源价格重点关注经济利益，没有考虑人本价值、环境价值、社会价值要素的做法，采取在能源价格改革中引入人本价值观、科学的能源价格市场形成机制、综合的能源测算方法等保证能源价格的健康发展，以完善的法律制度保障能源价格改革成效，不断完善中国能源价格形成机制。市场在资源配置方面有决定性作用，通过市场化机制与手段优化能源系

统开发利用成本。大力践行容量补偿机制，提升能源系统“源、网、荷、储、用”灵活性资源配置能力，实现能源的高利用率、供应安全稳定、使用多样化。探索、完善能源产品价格市场化形成机制，差别化电价、分时电价、居民阶梯电价；以国际成品油价格为基准，加上国内企业的适当利润及加工成本的成品油价格调整机制；煤炭中长期合作与期货机制；充分考虑天然气生产与运输企业运营成本，使天然气价格更加接近实际价格，建立天然气与可替代能源之间的挂钩联动机制，在天然气使用端推行民用天然气阶梯价格，契合节约能源的环保理念。科学设置碳排放总量控制目标、配额分配方式，建立碳价与能源价格的联动机制，实现碳交易与其他绿色交易品种的协同发展。发挥政府投资的引导作用，构建与碳达峰、碳中和目标相匹配的能源投融资政策体系。有序推进绿色低碳能源金融产品和服务开发，设立能源减碳货币政策工具；建立绿色能源信贷评估机制，完善能源绿色金融政策框架[11-12]。

3.3.4 创新储能技术实现能源清洁高效利用

储能贯穿于能源系统的各个环节，是将传统能源与可再生能源融合的关键。对于未来智能能源系统建设，储能是必不可少的基础设施。储能发展关键的因素就是其经济性，高成本是储能技术发展缓慢的直接原因[13]。

作为构建新型能源系统的关键技术支撑，储能的发展离不开政策环境的支持。储能系统由三部分构成，一是能源获取装置，如通过风车获取风能、通过太阳能吸收装备获取太阳能等；二是能源存储设备，将获取的能源在一定时间内存储在储能系统的能量存储系统中，并尽量减少该时间段内的能量流失；三是能源输出装置，将存储的能源以终端用户所需要的能源形式输出[14]。

加大储能新材料研发和创新应用，构建“新能源＋”产业发展方式，如采用“新能源＋制氢”“新能源＋新型储能”“新能源＋抽水蓄能”等发展方式，有效解决绿色储能问题，形成多元能源融合发展格局[15-16]。

还可以通过提高材料性能来提升储能系统的性能，从而达到降低成本的目的，这也是降低储能成本的主要途径。此外，除了技术发展使储能成本降低外，随着储能需求量的增加，储能产品生产规模的扩大也会促使储能成本逐步降低。在未来，随着技术的进步和创新，储能产品的成本会不断降低，从而起到提高能源系统利用效率、提升可再生能源接入比例的关键性作用[16]。

3.3.5 推动能源体系智能化发展

智能化是实现能源系统绿色低碳转型的有力保障。智能能源系统是以清洁能源技术为依托，整合太阳能、风能、地热能、水能等多种可再生能源，借助互联网信息技术，为能源生产与用户端提供智能平台和能源解决方案。智能能源系统在提高可再生能源比重、促进化石能源清洁高效利用、提升能源综合利用效率等方面都起到了积极作用。例如：通过数字技术、信息技术、过程控制技术使能源系统组成要素深度融合，研发应用智能机器人勘探和开采油气，研发智能电网系统提升电力调控运行效率等；通过建筑信息模型（BIM）技术提升能源系统建造的智能化管理和绿色建造水平，降低建造成本；通过 5G、区块链等数字化技术，提升能源交易效率并降低贸易成本。智能能源系统既包含传统能源的效率提升、合理利用、节能减排，也包含新能源的合理替代、整合和高效利用[17-18]。

3.3.5.1 能源供给智能化

能源供给是能源系统的物质基础，对整个系统有决定性作用。能源供给智能化分为三个方面，能源产业链延伸、能源基础设施通用共享、新形式能源的勘探与开发。以资金、技术为基础在能源勘探与开采方面与相关国家进行更深度的合作，积极参与天然气等上游产业链项目，获得长期、稳定、价格合理的清洁能源供给。加强能源基础设施建设和新能源装备研发制造，完善能源开发和利用基础设施互联互通共享，推进能源设施和技术升级，提升绿色能源开发与供应能力，满足绿色能源发展的迫切需要。加大基础科学研究，从物质构成元素出发，深入研究，探索未知元素性质，寻找能源构成新物质组成、结构，从根本上推动能源质的飞跃[19]。通过现代信息技术将“互联网+”和能源结合在一起，形成一种互联网与能源生产、传输、存储、消费及能源市场深度融合的能源产业发展新形态。

3.3.5.2 能源输送智能化

在能源资源禀赋与需求逆向分布的地理条件下，完善跨区域特高压输电网络的布局，提升化石能源在空间层面上的利用率，逐步减少东南沿海集聚区火力发电部门的规模，保障清洁能源的稳定供应。要完善能源大数据管理体系，构建市场化的跨区域能源交易平台，完善跨区域能源交易的相关制度准则，保证能源供应的稳定与安全。以能源企业为主体，整合生产能源、输送能源、分配能源、能源变换等各个环节的大数据，有效收集与挖掘各个环节产生的流量数据，构建能源需求精准预测模型，从而形成动态的能源供需平衡。

能源输送关键是与用户端相结合，多种智能终端设施正逐步推广与应用。未来，建筑体会成为发电能源体，建筑屋顶、墙壁等成为能源获取的载体。个体用户将从传统的能源消费者转变为未来的能源生产者，成为能源消费者和生产者的结合，整个过程需要系统不同层次的优化，如在用户端、调解段、运行段以及传输段等环节。在传统的能源系统里，能源生产出来输送到电网，然后经过电网进行分配，输送到最终的用户，在未来，“能源获取—能源传输—能源分配—终端利用”这四个环节将会联系得越来越紧密[20]。

3.3.5.3 能源配给智能化

由于可再生能源自身特点、外部环境需求等原因，其将会成为能源的主力，占比将超过50%。能源利用结构、组成发生巨大变革，需要适应相应变化、满足需求的智能能源系统进行精准能源配给。

以往能源系统为集中式供能系统，需要依靠大型能源集中生产厂站，然后通过传输设备大规模送至用户区域，这就导致集中式供能系统负荷变化的灵活性和供能的安全性较差。智能能源系统以用户端为核心，依据用户的需求量产生并供应能源，实现能源利用效率的最大化，同时输送环节的能耗降至最低，具有能源利用率高、供能可靠性好、投资成本低、建设周期短、系统灵活性强等特点。智能能源系统加入多种可再生能源，将各自的优点相结合，构建一种多能互补的能源系统。和生活中常见的定制服装、定制家具一样，根据用户端的负荷量体裁衣、因地制宜。

先进的控制手段是实现能源配给智能化的关键。由于资源的多动性、地域性，以及终端用户特性的差别，需要制定不同的解决方案实现能源配给。例如，与建筑结构的结合，利用建筑的采光和朝向，将太阳能光伏发电装置安装在建筑结构的外表面，为采暖、空调等设施提供电力，形成建筑能源一体化控制系统；智能能源计量装置，不仅包括电表，还包括热表、水表、气表等，智能能源计量装置除了具备传统能源计量装置基本计量功能以外，还可以实现多种费率计量功能、用户端控制功能、多种数据传输模式的双向数据通信功能、防窃电功能等一系列智能化功能，智能能源计量装置代表着未来终端用户的发展方向。在新的能源研究领域里，除了研究能源转换问题，还加入了信息流，这是由于做终端用户端的控制和响应，就必须了解用户端的需求，这种需求是需要通过传感器进行反映和回馈的，正是借用信息技术手段，使传感器成本在逐渐下降，传感及认知的手段在不断增加[20]。

3.4 新型能源体系发展趋势

创新能源系统的实质是智能、智慧能源系统，系统中新能源多样化、能源成本降低、能源系统新装备技术创新、能源系统与互联网深度融合发展，是创新能源系统持续改进发展的机遇，也使未来能源系统呈现焕然一新的面貌。可再生清洁能源是未来能源系统的主力，占据整个能源系统份额的50%左右，能源智能化深度发展，能源获取路径更加多样高效，能源供应灵活且能够满足需要，能源市场化程度更高，随着互联网技术的高度渗透，能源生产商、产销者、终端用户等通过移动终端的交易平台即可实现能源的实时交易。整个能源系统运行将高度智能化、高效化、透明化。

创新能源系统将多能源系统集成化，使得多种能源相互协调，使总体以及各自的运作效率更高，而且能解决较大的能源问题。能源的形式有电力、热能以及燃料等，集成系统需要将这些能源与基础设施协同，例如电信、水以及交通等，以将效率最大化，将能源逸散最小化。实现途径主要依靠不断发展的科学技术。

创新能源系统的能源存储系统技术包括高性能电池动态储能、太阳能利用、风能利用、燃料电池以及天然气冷热电三联供（CCHP）等多种形式的模块化、灵活式的供能技术，相对于传统集中式供能，灵活存储供能方式更智能，基于需求端供能而更有效率，并且低碳化。智能能源系统技术在集约化、高速、双向通信技术的基础上，利用高性能传感和测量设备、高效率技术装置、精准控制技术、先进措施制定与执行平台，实现能源系统的绿色、安全、经济、高效、可持续、环境影响低、使用便捷的质量目标。

能源系统在创新发展过程中，涉及因素多、过程复杂，集成模块化程度极高，需要与所要解决的问题相适应的研究机制，将世界作为命运共同体，把全球技术资源、智力资源整合，利用全世界共享的互联网+平台，互通有无，共享研究成果，共同面对能源领域所遇到的难点与挑战。

创新能源系统核心问题就是如何使整个能源系统更高效、更安全、更灵活、更精准、更智慧地关联为一个整体。大力推进清洁能源的开发利用可显著提升社会效益，生存环境会发生质的飞跃，产生高的可持续增长的经济效益，是对“绿水青山就是金山银山”生态内涵的良好阐述，创新能源系统如图 3-1 所示。

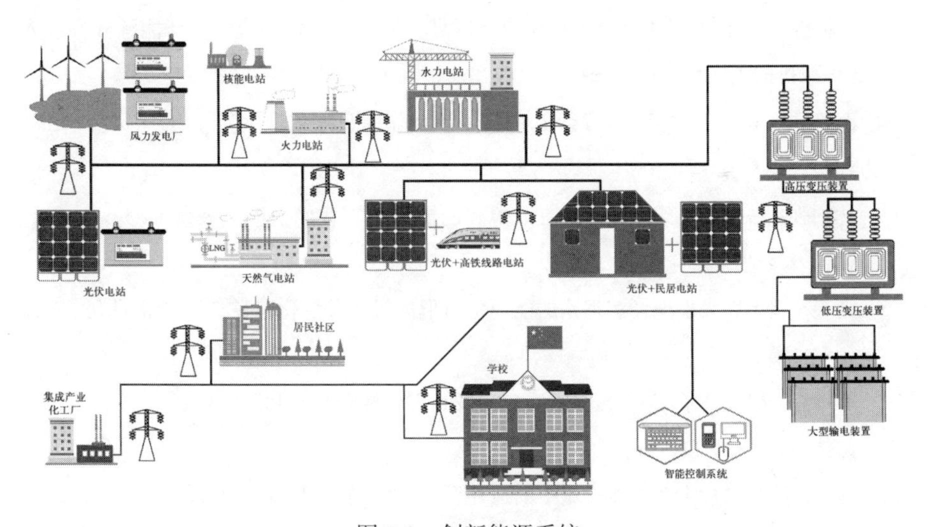

图 3-1 创新能源系统

参考文献

[1] 白暴力，程艳敏，白瑞雪. 新时代中国特色社会主义生态经济理论及其实践指引——绿色低碳发展助力我国“碳达峰、碳中和”战略实施[J]. 河北经贸大学学报，2021，42(04)：26-36.

[2] 赵振宇，马旭. 可再生能源电力对碳排放的作用路径及影响——基于省际数据的中介效应检验[J]. 华东经济管理，2022，36(07)：65-72.

[3] 肖建华，司建华，刘淳，等. 沙漠能源生态圈概念、内涵及发展模式[J]. 中国沙漠，2021，41(05)：11-20.

[4] 张力小，张鹏鹏，郝岩，等. 城市食物-能源-水关联关系：概念框架与研究展望[J]. 生态学报，2019，39(04)：1144-1153.

[5] 刘洁. 我国可再生能源实现跨越式发展[EB/OL]. [2023-3-16]. https://tv.cctv.com/2022/07/10/VIDEbUHuDl696dLd6Q3gLesC220710.shtml?spm=C31267.PXDaChrrDGdt.EbD5Beq0unIQ.7.2022-07-10.

[6] 张沈习，王丹阳，程浩忠，等. 双碳目标下低碳综合能源系统规划关键技术及挑战[J]. 电力系统自动化，2022，46(08)：189-207.

[7] 宁立标，杨晓迪. 能源正义视角下我国能源转型的法律规制路径[J]. 山东大学学报(哲学社会科学版)，2022(02)：175-184.

[8] 刘梦，胡汉辉. 如何让绿水青山成为金山银山——基于碳排放对高质量发展作用的经验证据[J]. 云南财经大学学报，2020，36(04)：19-35.

[9] 孙即才，蒋庆哲. 碳达峰碳中和视角下区域协同创新发展研究——新能源开发嵌入区域减排的现实性与策略选择[J]. 学术交流，2022(03)：67-77+192.

[10] 路铁军，宋晓刚. “双碳”背景下中俄能源合作绿色发展研究[J]. 国际贸易，2022(05)：56-62.

[11] 林伯强，占妍泓，孙传旺. 面向碳中和的能源供需双侧协同发展研究[J]. 治理研究，2022，38(03)：24-34+125.

[12] 高爽. 基于广义虚拟经济理论的能源价格形成机制及优化路径[J]. 价格月刊，2022(06)：20-25.

[13] 袁性忠，胡斌，郭凡，等. 欧盟储能政策和市场规则及对我国的启示[J]. 储能科学与技术，2022，11(07)：2344-2353.

[14] 易伟. 计算机技术在储能行业中的应用研究[J]. 储能科学与技术，2022，11(07)：2408-2409.

[15] 丁剑，方晓松，宋云亭，等. 碳中和背景下西部新能源传输的电氢综合能源网构想[J]. 电力系统自动化，2021，45(24)：1-9.

[16] 张剑锋. 新能源发电侧储能技术应用分析[J]. 低碳世界，2021，11(08)：63-65.

[17] 胡西娟，师博，杨建飞. “十四五”时期以数字经济构建现代产业体系的路径选择[J]. 经济体制改革，2021(04)：104-110.

[18] 姜宏，徐德斌. 东北老工业基地产业集群低碳发展探析[J]. 税务与经济，2020(05)：62-67.

[19] 姜兴，张贵. 以数字经济助力构建现代产业体系[J]. 人民论坛，2022，733(06)：87-89.

[20] 段巍，王明，吴福象. 能源结构、特高压输电与中国产业布局演变[J]. 中国工业经济，2022(05)：62-80.

第四章

乡村振兴全面发展路径研究

新时代在全面推进乡村振兴的征程中，要有一个新的发展理念、新的经济理念、新的生活理念以及新的经济增长理念，这个理念就是“绿水青山就是金山银山”。生态兴则乡村兴、生态发展则人民幸福成为时代发展新要求，以绿色、可持续发展助推经济与生态保护协同共进，实现生态与发展齐飞，绿水共青山一色！

4.1 乡村振兴与生态文明

4.1.1 “绿水青山就是金山银山”与乡村振兴

“绿水青山就是金山银山”（简称“两山论”）是习近平生态文明思想的一个经典阐述；乡村振兴战略是习近平新时代中国特色社会主义“三农”理论的核心。

关于“绿水青山”与“金山银山”的系列论断，简明而精准地阐释了生态环境与经济发展的关系，相互联系与支撑，为新时代全面建设现代化征程中人与自然的和谐发展奠定了理论基础，为均衡乡村经济发展、充分释放乡村公共服务动力提供了创新思维模式，赋予乡村生态、生产、生活均衡共生与文化、文明、非遗创新传承文化底蕴与思想价值[1]。

党的十九大首次提出实施乡村振兴战略，并明确了“产业兴旺、生态宜居、乡风文明、治理有效、生活富裕”的总要求，这是“五位一体”总体布局在农村的具体体现[1]。乡村振兴内涵具有鲜明的时代特征和中国特色，其核心理念是以全体人民的利益为核心，其核心内涵涉及政治、经济、文化、社会和生态等各个方面，其最终实现目标是社会的全面进步和人的全面发展，全体人民共享改革发展成果，全体人民过上满意幸福的生活[2-4]。

“绿水青山就是金山银山理念”是经过实践检验的绿色、可持续、生态发展理念。实施乡村振兴战略，要深入践行“绿水青山就是金山银山”的理念，提升人民群众的获得感、幸福感、安全感[5]。对环境实施全面保护，高效提升环境要素功能质量的基础上，积极构建绿色、多元化、可持续的生态产品转化机制，实现良好生态势能转变为经济社会高质量发展动能，是精准贯彻落实“绿水青山就是金山银山”理念的示范实践[6]。

乡村振兴根本上就是要解决“三农”发展新的模式问题，就是在国家战略层面上解决农村、农民、农业的问题，新型城镇化的问题，特色小镇的问题以及田园综合体的问题。从乡村振兴出发点来说，绿水青山的本质就是金山银山，是一个可持续经济发展的概念，实现经济、社会、生态三个效益的高度统一，是乡村振兴未来发展的模式[7]。

4.1.2　乡村振兴下的“三农”生态系统

乡村振兴下的“三农”生态系统是一个复合生态系统，其中蕴含三个层次的要义。

首先，“三农”生态系统存在可承受范围的承载力。生态承载力指在某一特定环境条件下（主要指生存空间、营养物质、阳光、大气、水、土壤等生态因子的组合），某种个体存在数量的上限值。

其次，“三农”生态系统是复合的、整体的，相互之间有密切的生态关系。山、水、林、田、湖是五种类型的生态系统，彼此之间是关联渗透的。乡村和产业是关联的，农民、农村、农业也是相互联系的。“三农”生态复合系统中的所有构成要素都是互相联系的，所以，绿水青山与乡村是一个复合系统的概念，而不仅仅是单一的关系。

最后，“三农”生态系统具有一定的可持续性，“绿水青山就是金山银山”体现的是绿水青山对经济发展具有支撑、促进作用，“绿水青山”的生态产品经过科学技术等途径实现经济产品的转化，实现经济价值与品牌价值。

4.1.3 全面推进乡村振兴理念

深刻、精准理解“绿水青山就是金山银山”理念蕴含的思想价值，是乡村振兴思想体系的基石。首先弄清“绿水青山”是什么，在不同地域乡村振兴中具体的“绿水青山”因素有哪些；其次构建“金山银山”的转化秩序和时间空间。乡村振兴战略实施过程中，“绿水青山”构成日常生活的绿色背景，同时也是“金山银山”的物质基础，满足人们生产生活物质需求，实现共同富裕，实现在“绿水青山”的优质生态环境中和谐发展。“绿水青山就是金山银山”理念突出生态与资源的限度，以资源环境承载发展能力为基础，实践创新、融合、绿色、精准发展之路。

“平衡”是自然界生命发展的基础，人类利用自然界中的物质与资源进行生产与生活，实现可持续、螺旋上升发展，就一定要依据自然界中不同资源、物质、能量自身存在的动态转化、平衡规律，形成人与自然和谐共生的局面。一直以来存在的城乡二元差距，造成乡村对于新发展理念和发展方式的了解、掌握、应用严重滞后，乡村经济发展长期走直接消耗资源型道路，实行掠夺式的非持续发展。同时对自然环境造成污染，造成生态失衡，进入恶性循环，最终陷入深度贫困。“绿水青山就是金山银山”理念从和谐平衡出发，影响、引导形成新的“三农”价值观。其本质就是践行多元化平衡发展路径，形成科学规划、开发有序、绿色可持续的发展原则[8]。

4.2 乡村振兴面临的困境

乡村振兴是新时代为更好解决“三农”问题提出的国家战略。乡村振兴要立足国情农情特点、农业产业特性、乡村地域特色，遵循乡村发展建设规律。目前，乡村振兴过程中，相对贫困的标准各方仍存在分歧，相对贫困人口的总量精准识别程度不高，学界普遍认同相对贫困的成因复杂并且随着乡村振兴的开展不断变化。樊增增、汪三贵等学者采用了不同的数据来源和测算方式对中国的相对贫困进行了测量，研究结果都表明绝对贫困消除后仍然存在一定群体相对贫困人口。与绝对贫困相比，相对贫困的确定标准、群体识别和解决路径难度系数更大，这无疑为当下农民农村迈向共同富裕，实现乡村振兴增添了更大的困难[9-10]。

目前，一部分乡村通过外部力量的直接介入，经过产业嫁接改造，给当地产业带来了兴旺发达局面，相比“绿水青山就是金山银山”的发展理念，嫁接式外源发展模式对乡村振兴产业发展的自主抉择造成了本质的剥夺，同时对当地的生态环境造成破坏，外源推动乡村振兴的机制在发展路径上全盘照搬，造成了本地人力资源、发展主动性发挥不充分的现实问题，没有从根本上培育发展自我主体力量，大量地方性优势资源被忽视，得不到高效挖掘与利用，有些地方还出现了产业发展收益上的纠纷，激化了乡村居民与外源资本的矛盾，使乡村振兴成果被破坏。嫁接式外源发展模式中乡村就业居民处于产业链下游，还处于简单加工式生产，缺乏相关技术的研发与工艺自我调整，抗击市场风险主动性薄弱。例如，乡村旅游产业是乡村振兴飞速发展的产业之一，优美的自然生态、淳朴的民风民俗、历史积累的文化遗产是大部分乡村拥有的特色资源，但是开发利用这些资源的资金、技术、人才等要素是乡村所不具备的，最直接的办法就是对外引入外源资本等要素来开发利用乡村自身的特色资源，加快了乡村的振兴步伐，农民快速实现了增收。发展的过程中也出现了增收效益分配问题，农民利益被极度缩减，没有能力、机会主动去争取公平的劳动收益，使得因利益分配造成产业停滞，农民收益下降的现象，甚至出现返贫的个别现象。本质的根源在于，乡村振兴完全依赖于外来力量，全盘照搬现有发展模式，严重阻碍乡村振兴内生动力的发展，是阻碍许多乡村迈向共同富裕的根本因素之一[11]。

乡村人员大量流向城市等经济发达地区，导致乡村产业发展、土地和其他资源出现闲置化状态，形成空心化农村。造成了留守老人和儿童、乡村治理能力弱化、乡村产业发展后继无人、乡村传统文化衰落和土地资源的浪费等复杂的社会问题。乡村振兴说到底就是人才振兴，没有了人，乡村就失去了发展的原动力。外部引进人才与本土精英因各自认知、实践的差异，造成在乡村产业经营上有着完全不同的模式与方法，本土精英具有天然的“人和”的特点，可以更高效地融入乡村振兴发展进程中[12-14]。

文化振兴影响乡村振兴其他几个方面，处于关键地位。文化振兴过程中，乡村缺乏优秀的扎根乡村文化人才。同时文化产品供给的主体水平参差不齐，供给产品缺乏公益性、专业化、亲和性。乡村已经具备文化室、图书室、文化站、电影放映点、青少年活动中心等文化基础设施，在运行过程中由于缺乏管理经验、管理人员，无法实现乡村文化设施读书阅读、影视欣赏、文艺展演、推广宣传、科技教育、农技培训等基础功能。除此之外，乡村特有生态、特色文化技艺、乡村非物质文化遗产等乡村文化特色产业缺乏保护、发展规划，随着乡村快速融入城市，这些宝贵的乡村特色文化慢慢失去发展活力、濒临失传消亡[15-16]。

生态振兴是乡村振兴的重要组成部分，处于基础性地位。自然资源开发利用、乡村生活环境治理、生态要素治理与修复、农业产业优先发展是制约乡村生态振兴的关键领域。自然资源开发利用过程中，规划布局混乱、项目建设与资源不匹配、资源利用设施人为弃置、开发方式单一无深加工产业链、资源利用效率不高、共生资源被废弃，造成大量自然资源被浪费、荒置。乡村生活环境治理中，缺乏“绿水青山就是金山银山”的绿色、可持续长效治理机制，生态环境行政主管部门、村镇基层党委、自发乡村治理机构、市场产业化企业、乡村居民之间缺乏协商、协作、沟通，如何构建“政府监督管理、市场主体运营、乡村公众参与”的长效、协作机制是核心问题。生态要素治理与修复领域，生态涵养意识、生态服务意识、生态保护意识有待持续提升，人类生产生活对环境需求过度，严重超出自然环境生态承受能力极限，构建“意识提升、关系协调、生态可承受、修复专业化”的乡村生态保护体系成为生态保护关键环节。农业产业优先发展进程中，缺乏对市场自主研究、分析，过度依赖市场化企业，受到不公平压榨；产业链水平有待提升，产品科技、功能含量较低，抗风险能力有待提升[17-18]。

4.3 乡村振兴全面发展示范工程

(1)“生态+”可持续发展模式

浙江湖州位于杭嘉湖平原，是浙江省和全国的粮食、蚕茧、淡水鱼、毛竹的主要产区和重要生产基地，是践行“绿水青山就是金山银山”理念先行者，也是“生态＋”绿色发展的先行地。湖州建设发展既保护了“绿水青山”使其更加和谐美好，同时将“金山银山”的蛋糕做大做强。湖州脚踏实地，生动深刻地践行并验证了“绿水青山就是金山银山”理念，结合发展实际创新形成了“生态＋”发展思路，围绕“生态＋”模式制定了精准、详尽的实施方案，确定了适合自己的“绿水青山”向“金山银山”转化的方式与路径，精准发展生态农业，强化绿色工业，优化现代综合服务业，走了一条生态与经济融为一体、互为支撑的和谐共生之路。2021 年全市实现地区生产总值（GDP）3644.9 亿元，按可比价计算，比上年增长 9.5%。其中，第一产业增加值 148.6 亿元，增长 2.9%；第二产业增加值 1865.0 亿元，增长 10.6%；第三产业增加值 1631.3 亿元，增长 9.0%。三次产业增加值结构调整为 4.1∶51.2∶44.7。按常住人口计算的人均 GDP 为 107534 元，增长 8.2%[19]。

(2)“乡村新型集体经济＋”共享式发展模式

代村地处山东省临沂市兰陵县城西南城乡接合部，代村社区辖六个建制村，属于鲁西南地区，之前是远近闻名的贫困落后村，不仅贫困，而且生活环境差、民风乱，发展停滞。在党支部书记王传喜带领下，化解了内部多元的矛盾冲突，在村民的信任与支持下，通过走“发展集体经济，村民自主创业”的道路实现了民富村强、脱贫致富。形成了自己特色的新型集体化发展道路，发展了现代农业、商贸物流、乡村旅游等多元产业，成立了村集体控股企业，实现了乡村的脱胎换骨，2020 年全村产业总值超过 36 亿元，纯收入 1.5 亿元，人均年收入达到 7 万元，村民实现了生活上的共同富裕。代村建立了公平的生产、物质资料的共享机制，首先村民将土地资源整合，由村集体统一规划，使用土地的产业要将村民就业作为首要任务，在产业选择上以种植、养殖为优选，实现了村民不仅有日常工资性收入，而且家家有集体分红。村集体经济还建立村级民生保障体系，涉及医疗、养老、住房、教育领域，实现了“老有所养，幼有所依，病有所医，住有所居”。不仅在物质层面实现了富裕，还强化精神文明建设，成立文化艺术团体，丰富业余生活，开展文明道德家庭评选。新时代，代村与时俱进形成了电商、“三农”培训等绿色产业，成为“中国最美休闲乡村”“全国休闲农业与乡村旅游示范点”“全国乡村治理示范村”的典范[20]。

（3）“乡村地域文化资源＋”乡村内源式发展模式

袁家村是陕西省礼泉县烟霞镇下辖建制村，中国传统村落的代表，位于中国陕西关中平原腹地，历史文化资源丰富，交通顺畅便捷。以前袁家村是有名的贫困村，村民住的是跑风漏雨的土坯房，地里收成连满足温饱都是问题，没有向国家贡献过颗粒粮食。最早是本土乡村精英郭占武，利用当地特有的民俗、民风、建筑，着力发展关中文化旅游，形成了民风、民俗、特色建筑风景体验景区，建设成为特色的关中民俗文化村。经过不断壮大发展，2019 年袁家村人均可支配收入达到 10 万元，旅游总收入超过 10 亿元，游客当年达到 580 万余人次。袁家村被授予“中国十大最美乡村”“中国最有魅力休闲乡村”等荣誉称号。在乡村振兴进程中，全体村民作主人成立股份制农民合作社，开辟了新型集体经济发展道路，牢牢将乡村振兴的主动权掌握在本地村民自己手中，旅游产业的收益分配完全由村民集体决定，利用现代股份合作制调节收入分配方式，更好地造福地方，使村民脱贫致富。“袁家村模式”实现了乡村由贫困向富裕的蜕变，实现了温饱，解决了绝对贫困，同时平衡收入，防止因分配不均造成的相对贫困，在“绿水青山就是金山银山”理念下共享发展成果，通过公平分配方式来调节收入差距。例如，不同商户的盈利不同，为了帮助盈利低的商户缩小与盈利高的商户收入差距，通过股份合作社方式吸纳低盈利商户入股，提升其收入，平衡了村民心理。在统一规范管理、统一经营模式、村集体与村民股份合作的方式下，开创了股份人人有、年年有分红的共同致富、乡村振兴的新局面。袁家村的成功经验说明，在缺乏“绿水青山”的自然资源与生态环境条件下，充分挖掘、整合地域乡村民俗文化资源，依靠乡村本土精英人力资源与智慧，同样能够建设全国闻名的乡村旅游，树立属于自己的旅游品牌[21-22]。

（4）“生态旅游＋”绿色发展模式

天津市蓟州区毛家峪村，拥有亿年石、万亩林、千亩果、百年树、长寿人等自然景观，生态环境优良，发展了以长寿为主题的乡村特色旅游产业。毛家峪全村坚持“绿水青山就是金山银山”的发展理念，将绿色发展作为乡村产业发展的主基调，在优质的天然绿水青山资源基础上，建成了元古奇石林、青龙湖、情人谷等旅游景区，围绕自然景区形成了森林养生、中医健康养生、山地休闲观光等旅游新兴产业。全村实现家家户户民宿旅游，达到了日接待5000人的能力，围绕旅游产业提供了2000人的就业机会，对于高端创业精英也具有了吸引力。为了适应旅游业发展，在招商引资、招贤纳士的基础上，以“绿水青山就是金山银山”理念为指引，建立了现代化企业管理模式。2020年，累计游客量达到50多万人次，旅游产业收入达亿元以上，村民人均可支配纯收入达9万元，走上了实现共同富裕、乡村振兴的快车道，毛家峪村目前是“全国休闲农业与乡村旅游示范点”“全国乡村旅游重点村”“大学生村官培训基地”。毛家峪村的乡村振兴成功经验在于对本地优质的自然生态资源的保护与利用，践行了“绿水青山就是金山银山”的发展理念和思路[23]。

（5）“废弃物资源化＋绿色低碳循环经济”资源化模式

青铜峡市位于黄河上游、宁夏平原中部，地处西北内陆，属中温干旱气候区，依托龙头企业组建农业生物质技术创新中心，全链条推进畜禽养殖粪污、农作物秸秆等废弃物循环利用，形成了集农业废弃物收集、沼气能源开发利用、生物质颗粒燃料加工、清洁供气供暖服务于一体的农业废弃物资源化利用模式。

建设独立的第三方农业废弃物产业化收集、集中处理中心，以农业废弃物综合利用、资源化利用、再生清洁能源开发为核心，进行废弃物产业化利用。形成了“沼气工程（热电联产）—有机肥加工—绿色生产—种养业循环发展”“生物质颗粒燃料生产—清洁供暖”全链条可持续循环开发利用模式。针对畜禽养殖粪污、农作物秸秆、林业“三剩物”自身特点与所含价值，由沼气工厂、生物质成型燃料工厂、有机肥工厂进行分类高效回收利用。

2022年，青铜峡市的畜禽粪污综合利用率达到99%以上，农作物秸秆综合利用率达到91%以上，有机肥施用面积达到18万亩，土壤有机质含量提高3%以上，农业面源污染得到有效控制。处理中心每年提供液态肥5万吨、固态有机肥3万吨，满足2000户居民提供生活用气，生产清洁电能800万千瓦时，解决50万平方米取暖服务，实现变废为宝绿色循环发展。生物质能源开发利用每年可替代标准煤约2.86万吨，降低碳排放1.91万吨，有效推动农业生产减碳降碳[24-27]。

4.4 乡村振兴全面发展措施与路径

乡村振兴具体包含乡村产业、人才、文化、生态、组织等5个方面的振兴。乡村振兴战略“五个振兴”的科学论断，为推进乡村振兴这一伟大战略谋划了路线图，构建起了实施乡村振兴的“四梁八柱”[28]。

4.4.1 科学分类精准施策

乡村振兴要以习近平新时代中国特色社会主义思想为指导，深入贯彻党的十九大和二十大精神，立足新发展阶段、贯彻新发展理念、构建新发展格局、推动高质量发展，以巩固拓展脱贫攻坚成果、加快农业农村全面发展为目标，以健全城乡融合发展体制机制为制度保障，全面推进乡村产业振兴、人才振兴、文化振兴、生态振兴、组织振兴，聚集资源、聚合力量，通过创建一批乡村振兴工程，探索不同区域全面推进乡村振兴的组织方式、发展模式和要素集聚路径，促进农业高质高效、乡村宜居宜业、农民富裕富足，践行“绿水青山就是金山银山”理念[29]。

立足本地资源禀赋和发展基础，体现东、中、西部区域特色，对标2022年“百县千乡万村”乡村振兴示范创建任务要求，精准施策，不断提升乡村振兴质量。

东部地区。在巩固提升乡村产业发展基础的同时，聚焦提高全面推进乡村振兴质量，着力提升乡村治理和农村精神文明建设水平。有序推进产村融合，实现产业强村。重点要建设乡村善治单元，促进自治法治德治有机结合，创新乡村治理方式，应用数字化技术提升乡村治理效能，推进农村基层管理服务精细化。传承弘扬乡村优秀传统文化，繁荣兴盛文明乡风。健全公共设施建设管护机制，加强农村厕所粪污、生活污水治理、生活垃圾资源化利用，推进生产生活方式绿色转型。

中部地区。在持续推进乡村产业发展的同时，聚焦加快全面推进乡村振兴进程，着力改善农村基础设施和公共服务条件。培育新型农业经营主体，建设优质绿色安全农产品生产基地。重点要统筹生产生活生态空间，加快推动道路、供水、供气等基础设施往村覆盖、往户延伸，基本普及农村卫生厕所，明显提升农村生活污水治理率，基本实现农村生活垃圾无害化处理，建立长效管护机制。加强以党组织为领导的农村基层组织建设，丰富农民精神文化生活。

西部地区。大力发展乡村特色产业，聚焦夯实全面推进乡村振兴基础，增强地区经济活力和发展后劲。重点是建设“一村一品”特色产业，打造一批小而精、特而美的特色产品，推行绿色化标准化生产，依托新型农业经营主体带动小农户持续增收，提高农民科技文化素质和就业技能，稳步推进乡村建设行动，因地制宜推进农村改厕、生活污水治理和生活垃圾处理，加强民族地区、边疆地区、脱贫地区传统村落保护，持续改善村容村貌。完善村级综合服务设施，提供一门式办理、一站式服务，加强村规民约建设，提振农民群众精气神[29]。

4.4.2　因地制宜构建现代农业产业链

构建现代农业产业，党的十九大报告指出：构建现代农业产业体系、生产体系、经营体系，完善农业支持保护制度，发展多种形式适度规模经营，培育新型农业经营主体，健全农业社会化服务体系，实现小农户和现代农业发展有机衔接[30]。实施乡村振兴战略，必须着力发展现代农业，根据各个乡村实际情况，深度挖掘特色优势资源，构建现代农业的产业体系、生产体系和经营体系，提升农业科技化水平，促进农业提质，带动农民增收致富。着重依托农业农村自身资源，围绕本地“老字号”“乡土号”特色工艺、产品，因地制宜地发展乡村产业，逐步向全产业链扩展，建设品牌乡村、产业乡村，激发新时代乡村振兴新活力。

产业标准化、功能多样化。产业标准化建设是保障产品质量、提升产业效能、安全生产的关键。功能多样化是产业节约资源、优化工艺的重要举措。例如，福建古田的银耳产业，当地把零散的小菇棚改造成标准化菇棚，并在棚顶加装太阳能板。通过集中管理，既提高了银耳的产量和品质，又增加了村民收益，一举多得。加大科技振兴乡村的步伐，实现农业产业全环节科学、高效、绿色发展，例如河南濮阳的多功能温室大棚，集育苗、种植、生产、打包融为一体，每天有1万多斤的番茄运往全国各地，村民在家门口就能就业挣钱；四川粮油主产区达州的撂荒土地经过科学整治，因地施种，平坝种水稻、坡地种玉米和大豆、陡坡种香椿。当地还建起现代农业园区，推动种养循环，全链延伸。调整产业结构，发展特色优势突出的产业，增加农业产业附加值，打造一批特色鲜明的产业，为实施乡村振兴战略提供有力支撑。大力发展“互联网＋农业”“农业＋N（新需求、新技术、新模式）”等新业态，使产业链与时俱进，精准更新换代，提高现代农业综合效益。例如，乡村旅游结合生态康养，传统农家乐提档升级。在江苏南京的农业高新技术产业示范区，新鲜果蔬就地加工，农产品不出产地，进入“中央厨房”，卖到全国。在吉林永吉这家合作社，水稻生产推出会员定制，身价翻了一番。

大力推进乡村数字经济建设，实现数字化、信息化乡村振兴，为乡村振兴实现高质量发展注入活力、提升动力，把握新一轮科技革命和产业变革新机遇的战略选择。例如，义乌国际商贸城的商铺，销售人员可通过义乌小商品城数字贸易平台直播介绍产品。为缓解受疫情、原材料涨价等因素影响，遏制产品订单一度下降明显、国外客户退单的趋势，政府牵头协调各方推出义乌小商品城数字贸易综合服务平台，扩展国内外采购商资源，提供数字化国际仓储、物流、支付、订舱等贸易服务。目前，义乌小商品城数字贸易平台已入驻 6 万多家实体商铺、210 万个注册采购商。2021 年前 5 个月，义乌市进出口总值达 1831.4 亿元，较去年同期增长 43.7％。

优化乡村产业发展范式，加强农业产业环境污染治理，实现农业生态化、循环化发展。全面推行秸秆还田、粮豆轮作、增施有机肥等保护农用地土壤措施。科学利用生物间自然生物链关系，研发生物防治病虫害技术，降低对农药和化肥的依赖程度，尤其是高残留、高毒害农药、化肥。提升农业用高分子覆膜的工艺技术标准，强制执行可降解、绿色环保工艺参数，高效开展现有农业用覆膜的环境污染整治行动。大力提升农业废弃物资源化、清洁化水平，推广秸秆功能多样化处理技术与农业养殖业废弃物无害化处理技术。

科学规划产业布局，从根源落实“绿水青山就是金山银山”。从源头上控制高污染企业的引入，合理规划乡村工业产业发展布局，将产业“生态”作为乡村振兴的重点方向，引导乡村工业积极对接生态产业。对现有农业产业中高污染、高耗能企业进行节能降耗改造，淘汰落后生产工艺，采用清洁生产技术和设备，进行全方位环境监管，将对环境的影响降到最低。

4.4.3 多元化开展乡村振兴人才工程

人才作为乡村振兴战略资源，围绕“三农”工作建设高质量、高素质、高效率的人才队伍，是保障乡村振兴全面实施的基础。乡村振兴人才中，以优先发展农业为目标、将实践经验与科学技术精准结合、具有坚实的应用科学知识、具有投身农业生产与经营热情的应用型农业人才最关键与紧缺。应用型农业人才对于推动乡村产业、新时代农村建设、现代农业产业等“三农”事业高质量发展具有决定性作用。例如，高效促进农业生产高速发展需要具备现代种植、养殖经验与技术的人才，实现农业生产与产品信息化推广需要多元信息分析与提取的人才[31]。

党的二十大报告中强调：全面推进乡村振兴，坚持农业农村优先发展，巩固拓展脱贫攻坚成果，加快建设农业强国，扎实推动乡村产业、人才、文化、生态、组织振兴，全方位夯实粮食安全根基，牢牢守住十八亿亩耕地红线，确保中国人的饭碗牢牢端在自己手中。乡村振兴，人才是关键，是乡村振兴的基础。培养、引进、用好人才，吸引各类人才在乡村振兴中建功立业，是激发乡村人才活力的重要支撑。针对乡村振兴的内容与最终目标，精通农技、懂管理、善于经营、文化素养高、通晓历史、重视环保、会规划的技术型人才是乡村振兴所需要的[32]。

优选乡村振兴带头人组织集体。乡村振兴首先要有好的集体带头人，依靠团结、和谐、能力强的乡村基层党组织。通过乡村集体两委换届选举，吸收乡村土生精英、退伍军人、返乡创业能人、大学生充实基层党组织。深入做好村集体换届后动能继续提升工程，实施村党组织书记素质提升计划、大学生村官培育工程、乡村振兴主题系列培训，针对村集体各自职能进行精准施策培养与全员覆盖培训，使其不断学习生长成为乡村振兴、助农富裕的专家精英[33]。

充分发挥乡村本土精英的示范带动作用。乡村本土精英是乡村中具有威望的群体，本身具有创业成功的实践经验、农业种植先进优化技术、在外经商务工求学的经历，具有较丰富的乡村事业发展人际关系、宽阔的视野、优越的经济基础与社会资源、敏锐的产业发展观察力，同时由于具有天然的乡村本土熟人关系网，减少了适应乡村环境的过程也避免出现被排挤现象，可在群众中快速建立威信，脚踏实地带领大家走向共同富裕[34]。

强化乡村振兴驻村帮扶队伍职责与担当。按照“实现巩固拓展脱贫攻坚成果同乡村振兴有效衔接”指示要求，各地继续选派驻村第一书记和工作队，由“脱贫攻坚”向乡村振兴职能转变，侧重选派具有“三农”知识技能的应用型人才。建立以驻村帮扶人才队伍为枢纽的资源协调利用机制，同时做好乡村振兴驻村干部的培训、后勤保障工作、关爱行动。始终初心不忘、奋斗不息、星夜兼程、矢志不渝，在乡村振兴中继续创造新的辉煌业绩[35]。

精准引进乡村振兴人才。搭建有利于社会各类贤达施展才能、发挥创新能力、创新创业的平台。围绕不同人才自身需求精准制定产业扶植计划，从资金、技术、市场、土地、金融等方面全方位保障创业，各地出现“草莓基地”“音乐小镇”“手绘小镇”“蜜桃之乡”“甜瓜小镇”等典型乡村品牌，形成了以乡村引进人才核心带动致富的强大合力[36]。

4.4.4 扎实推动乡村文化振兴

文化振兴是乡村振兴中的重要组成部分和关键环节，和其他“四个振兴”融合渗透，在乡村振兴中起价值引领与精神推动的作用。民间音乐、民间工艺、民间传说、村规乡约、伦理观念、道德习俗、传统精神信仰、乡村精神生活、乡民文化心理等是乡村传统文化的主要形式。乡村文化振兴在于精准施策，回归乡村文化本源，遵循乡村化发展规律与功能作用，适应新时代要求，满足新时代乡村居民精神需要，传承新时代乡村文化优秀成果。

精准施策，遵循规律，引入专业化人才。影响制约乡村文化振兴的因素多样，在目前城市乡村发展程度不均衡的现实状况下，乡村文化振兴在当地居民与政府机构努力推进基础上，要大量引入对乡村文化创造、传播、传承、演变规律深入研究的专业人员。高等学校在乡村文化振兴中具有文化振兴资源、文化振兴人才培养、推动文化振兴知识能力等方面的巨大优势。作为乡村振兴补短板、创新持续发展的关键力量，高校可以直接为乡村文化振兴培养高素养创新应用型人才，直接进行乡村文化振兴作品创作，成为公益性乡村文化振兴产业产品的供给方，还可以在发挥乡村文化基础设施作用方面积极发挥引领示范作用，激发乡村居民自主能动与创造力。高等学校还可以辅助乡村文化事业进行规划与方向指引[15]。

价值重塑，创新传承。文化是物质文明与精神文明的融合产物，随着社会发展不断进步与丰富。新时代乡村振兴进程中，乡村物质文明与精神文明飞速发展，为新时代乡村文化繁荣提供了基础，但是文化价值存在不被认同的危机，失去价值认同的文化无法为新时代乡村振兴提供真实的文化源泉，乡村文化价值的新时代重塑成为必然。首先，将乡村居民新时代生活需求作为导向，深入了解新时代乡村振兴中乡村居民精神层面的需求，精准挖掘乡村文化蕴含的内涵价值、美学价值，发挥乡村文化社会作用，以产业振兴为物质支撑，形成绿色、可持续、宜居宜业乡村发展模式，重塑新时代乡村文化价值。其次，强化乡村基层党组织领导作用，以社会主义核心价值观为核心重塑乡村文化价值，大力弘扬符合新时代乡村意识形态发展需要的传统乡村文化。最后，乡村文化振兴价值重塑要以乡村传统文化为基础，突出民族性、农耕性、眷地性、农民主体性基本特征，赋予乡村文化新时代气息。

弘扬优秀传统文化，非遗赋彩新时代乡村文化振兴。中华优秀传统文化是中华民族的根和魂。乡村文化振兴，要以乡村非物质文化产业作为传统文化和现代生活的连接点，坚持创造性转化、创新性发展。让有历史厚重的非遗和现代乡村生活融合，文化和旅游等部门通过多种形式，鼓励和促进非遗项目产业化并走向乡村市场，满足群众多样化消费需求，让更多人了解非遗项目，感受中华优秀传统文化的独特魅力，实现生产性保护、活态化传承的同时，助力乡村振兴，让非物质文化遗产绽放出时代风采[37]。

发挥乡村主体功能，积极讲述传播乡村文化。文化振兴需要乡村文化广泛、真正地被理解与接收，除了来自乡村外部的全方位、真实、客观的理解，乡村文化需要加强传播，积极开展推广，将乡村文化转化为易于接受的形式，例如语言、文字、故事等。第一，乡村文化振兴主体具备精准挖掘自身文化的基本知识、基本技能、基本方法，具备研究明晰本土乡村文化历史历程、规划本土文化发展蓝图、发现、满足乡村文化现实需求持续提升文化需求质量的能力。建立乡村本土文化教育长效机制，突出学校教育的主体地位与主导作用，将本土优秀本土文化融入课程体系，塑造本土乡村文化自信与多元文化观。第二，乡村文化振兴主体要具备与现代传播方式相适应的表述功底。数字信息时代文字、语音、图片、动画、影视等多媒体是时效高、传播效率高的传播方式。乡村文化因其是在农业生产实践中凝练而成的精神成果，实践性、交流性是其突出的特点，通常以“言传身教”的方式进行传播与传承，传播内容为自身直接经验，缺乏能够历史传承的系统文字、图片、影像记载、传承形式。提升乡村居民领悟语言等其他传承方式的能力，强化乡村优秀传统文化、非物质文化遗产等传承人系统文字传承能力，提升乡村居民利用先进科技手段传播本土乡村文化与优化传播策略与机制的能力。第三，丰富乡村本土文化载体，拓展传播路径与渠道。首要的是强化政策导向，大力推行、鼓励优秀文学、艺术等文化工作者扎根乡村文化的整理、研究、传播中去，挖掘、融合乡村本土历史故事、乡村地方村落发展史、优秀传统文化、非物质文化遗产等，创新推出更多乡村本土发展史与中华文明史相结合、反映新时代易被乡村居民接受的文化作品。另外，还要加强乡村文化振兴资金支持多元化发展，社会主流媒体要担负起社会责任，发挥应有的宣扬与教育引导功能，真实、全方位呈现乡村文化本质与价值。

突破乡村、城市观念对立界线，构建文化共同体，推动乡村文化高质量发展。首先，要构建乡村城市文化共同体的物质基础，从经济角度入手将城市与乡村视为有机整体，遵循城市与乡村优势互补原则，探寻城市与乡村文化融合发展新路径，实现乡村文化发展新境界。其次，从观念出发突破城市中心思想，让文化思想回归乡土本源。通过乡村本土传统节日为载体与媒介，加强城市与乡村的交流互融，呈现乡村文化本源与城市文化的关联。最后，从青少年开始，加强乡土文化教育，突出“三农”情怀。

增强乡村文化规范治理秩序，持续完善文化振兴制度保障。乡村文化规范治理秩序是国家、市场、社会在乡村文化领域的高效互动文化秩序，能够充分发挥政府、企业、乡村居民、社会组织等主体力量，形成乡村文化自主管理与创新。高效互动文化秩序中政府的主要职能是方向引领与战略制定，资源、成果、人员、文化活动等基础则由其他基层文化组织主体充分发挥相应作用，给予更灵活的发展空间。乡村文化发展、服务等事业决策过程要充分发挥乡村居民民主协商的作用，充分了解、适应、满足乡村居民主体文化需求。根据社会发展需要，持续完善乡村文化发展体系，通过法律途径实施乡村文化主要载体的村落保护，实现科学开发与利用；加快乡村文化知识产权法律体系建设，使传统乡村文化传承人利益保护有法可依，为优秀乡村文化产品的市场化利益保驾护航，促进乡村文化产品持续提升质量[38-39]。

4.4.5　全面推进生态振兴

乡村和谐的生态环境是“三农”事业发展的自然优势与物质财富，同样也成为乡村振兴的关键支撑。在乡村大力推行绿色生产生活方式，使绿色成为农业农村发展的品牌最亮点。扎实推进乡村生态振兴，需要不断提升乡村居民对人与自然和谐共生、“绿水青山就是金山银山”、“山水林田湖草沙生命共同体”的认识，推进乡村人居环境整治，持续改善村容村貌，治理生活污水，建设人与自然和谐共生的生态宜居美丽乡村，从根本上破解自然资源、人居环境、生态系统三类制约生态振兴难题，实施乡村生态建设行动，要精准施策、因地制宜、分类指导，统筹推进建乡村生态制度、乡村生态设施、乡村生态行为、乡村生态产品、乡村生态文化“五位一体”乡村振兴战略布局。

① 完善政策、标准、评价考核体系等乡村生态制度体系。第一，通过环境立法、建章立制、完善政策，确定乡村生态系统在乡村振兴中“基础、长效、全局”性地位，树立绿色发展、资源节约、环境保护、可持续高质量振兴的核心理念，激活乡村生态振兴的内生动力。第二，构建乡村生态建设的标准体系，体现城市与乡村融合、经济与生态融合，保障乡村生态振兴高质量开展，实现乡村生态振兴要素间的互融互通。第三，完善乡村生态振兴评价考核体系，通过乡村生态振兴评估促进乡村生态建设，持续提升乡村生态系统生态质量。充分发挥税收、补贴等财政政策，适应乡村生态振兴发展需要，实时调整政策目标、对象、内容、相关标准，构建乡村生态振兴环境、资源、生态融合发展的激励性机制[40]。

② 提升乡村生态设施利用效率，推动各类生态设施融合发展。乡村生态设施依据其功能主体，分为生产用、生活用、环保用三类。乡村生态设施建设，要不断提升生态设施空间覆盖范围、利用效率、功能提升、日常维护能力，实现生产用、生活用、环保用生态设施功能互补、优势互补、功能互补。首先将原料减量化、生产清洁化、废弃物资源化、生态循环化等理念，融入乡村生态设施建设过程中。其次，针对我国乡村自然禀赋条件各异、经济发展水平不同的现状，乡村环保基础设施应强化专门性建设，发挥环保基

础设施对乡村特异性生态系统的保护与修复功能，不断提升乡村生态产品、乡村居住环境、乡村资源的供给能力[41]。

③ 规范乡村日常行为，践行“绿水青山就是金山银山”理念。将绿色出行、绿色生产、绿色生活等理念融入乡村日常行为，是保证乡村生态振兴的长效机制。首先，需要乡村居民主动参与、主动践行、主动协作，积极践行“绿水青山就是金山银山”理念，发挥示范带动作用，形成乡村、居民、自然共赢共生和谐发展的生态发展观，冲破乡村以往“只要经济、不顾生态”的发展理念，通过理念先行推动乡村居民生产、生活方式的转变。另外，还可以发挥乡村自发组织、农业生产合作社、乡村新型农业产业、家庭农场、乡村环保产业等经营主体与组织参与乡村生态保护，积极修复环境要素功能，作为乡村生态振兴的宣传主阵地[42]。

④ 实现乡村生态产品价值助力乡村振兴。生态产品价值实现是“绿水青山”转化为“金山银山”的核心要素，需要构建生态产品价值核算体系、生态产品价格体系、生态产品交易体系及政策保障体系，建立生态产品价值实现的市场机制，促进生态资源资产与经济社会协同发展。

提升生态产品质量，强化生态产品供给能力。提升生态产品质量与产能是生态产品价值实现的内在基础与基本保障。首先，通过科学系统整合，建立以乡村公园、绿地、湖泊为主体的乡村自然保护地体系，以遵循自然生态规律为基础进行科学管护，构建生态效益与经济效益互利共赢共同体。其次，实施乡村生态修复与治理工程，依托“山水林田湖草沙”系统工程，科学规划总体设计洁净水源、优质土壤、放心空气、生物安全、生态和谐等生态产品保障体系，划定重点任务，推出科学可行措施，稳步提升生态产品供给能力。

推动生态产品产业化，培育战略性产业。生态产品具有满足人类对来自自然的尊重、安全及精神的需求，促进人类社会发展，具备了区别于现有“三次”产业的鲜明产业特征。精准确定生态产品内涵，明晰生态产品与其他产业的关系，在现有国民经济体系中建立生态产品类别目录，推出保障生态产品价值产业化政策。构建与经济社会相适应的生态产品价格形成机制，建立围绕价值波动的生态产品价格市场决定机制，综合生态产品质量、供求关系、生态保护成本、经济水平等要素确定生态产品市场价格。建立政府主导调控、企业投资获利、个人经营致富、生态和谐的生态产品发展利益分配机制。积极扩展生态产品种类与产业化规模，大力开发功能多样复合型公共生态产品。

创建以政府为主体购买公共性生态产品的市场化生态补偿模式。综合考虑生态保护、民生改善、公共服务的需求，建立体现山水林田湖草沙等生态要素不同质量水平差异的生态产品分级价格体系，农牧民的财政补偿性收入多少由土地生态质量决定，为乡村农户积极开展生态保护注入动力。建立生态产品市场配置保障机制，形成生态产品产权交易机制，以法律形式明确生态产品产权主体、应用、效益、监督等权责关系。制定有利于生态产品绿色可持发展的金融与财税政策，强化政策引导，因地制宜挖掘地方特色的生态产品类型，开发与其功能、价值相匹配的绿色金融手段[43]。

⑤ 形成追求质量的乡村生态文化。以习近平生态文明思想为根本遵循，吸收传统文化中尊重、保护自然的生态思想观念，从理论与实践两个维度构建人与自然和谐统一、体现生态质量的乡村生态文化。理论层面，习近平生态文明思想博大精深，涵括马克思主义生态自然观、人类生态文明的发展规律、中国古代传统生态观念、现代环境保护价值观，是乡村生态文化的理论支撑。乡村生态文化实践主要围绕资源节约、环境污染、生态退化等乡村真实生态难题，通过旗帜鲜明、内涵深刻、丰富多样的乡村生态文化宣传活动，开展“绿水青山就是金山银山”发展理念、“改善生态环境就是发展生产力”生产力理念、“良好的生态环境是最普惠的民生福祉”关怀理念、“山水林田湖草是一个生命共同体”系统治理理念的宣讲与践行成果展示[44-45]。

参考文献

[1] 李艳雷. 实施乡村振兴战略的路径探析[J]. 农村·农业·农民(B版)，2022(05)：9-10.

[2] 张占斌，吴正海. 共同富裕的发展逻辑、科学内涵与实践进路[J]. 新疆师范大学学报(哲学社会科学版)，2022，43(01)：39-48＋2.

[3] 张来明. 促进共同富裕的内涵、战略目标与政策措施[J]. 改革，2021(09)：16-33.

[4] 戴春亮. 新时期乡村共同富裕机制构建[J]. 农业经济，2023，432(04)：84-86.

[5] 本书编写组. 中国共产党第十九次全国代表大会文件汇编[M]. 北京：人民出版社，2017：26.

[6] 冯俊，崔益斌. 长江经济带探索生态产品价值实现的思考[J]. 环境保护，2022，50(Z2)：56-59.

[7] 罗旋月. 生态与发展齐飞绿水共青山一色[J]. 中学政治教学参考，2022(05)：60.

[8] 齐骥. “两山”理论在乡村振兴中的价值实现及文化启示[J]. 山东大学学报(哲学社会科学版)，2019(05)：145-155.

[9] 樊增增，邹薇. 从脱贫攻坚走向共同富裕：中国相对贫困的动态识别与贫困变化的量化分解[J]. 中国工业经济，2021(10)：59-77.

[10] 汪三贵，孙俊娜. 全面建成小康社会后中国的相对贫困标准、测量与瞄准——基于2018年中国住户调查数据的分析[J]. 中国农村经济，2021(03)：2-23.

[11] 徐虹，张行发. 乡村旅游社区新内源性发展：内在逻辑、多重困境与实践探索[J]. 现代经济探讨，2022(01)：114-123.

[12] 于水，王亚星，杜焱强. 农村空心化下宅基地三权分置的功能作用、潜在风险与制度建构[J]. 经济体制改革，2020(02)：80-87.

[13] 刘腾龙. 内外有别：新土地精英规模化农业经营的社会基础——基于乡村创业青年的视角[J]. 中国青年研究，2021(07)：46-54+45.

[14] 刘爱梅. 农村空心化对乡村建设的制约与化解思路[J]. 东岳论丛，2021，42(11)：92-100.

[15] 冯庆. 高校参与乡村文化振兴的路径研究[J]. 四川师范大学学报(社会科学版)，2022，49(03)：96-105.

[16] 王曦晨，张平. 整体性视域下的习近平关于乡村生态振兴重要论述探析[J]. 湖南农业大学学报(社会科学版)，2022，23(03)：1-9.

[17] 刘志博，严耕，李飞，等. 乡村生态振兴的制约因素与对策分析[J]. 环境保护，2018，46(24)：48-50.

[18] 吴明红. 论生态危机根源及我国生态文明建设主要任务[J]. 理论探讨，2017(03)：43-47.

[19] 湖州市统计局. 2021年湖州市国民经济和社会发展统计公报[EB/OL]. [2023-03-16]. https://baike. baidu. com/reference/209713/c656UYi0MS62Xk8iWpYulAQVcDXwk0jKKQxmjUwkn3T8vxz54peQWYwQUURK5WkuURjM67T6qYl7FEJWEW9E0OiRP4DJv4IbA8wl7zjs9VQ1lly3w78BwEN9z3EGWgsl.

[20] 本刊编辑. 山东兰陵县代村乡村振兴的“领头雁”[J]. 农村工作通讯，2021(Z1)：79.

[21] 吴正海，范建刚. 资源整合与利益共享的乡村旅游发展路径——以陕西袁家村为例

[J]. 西北农林科技大学学报(社会科学版)，2021，21(02)：70-79.

[22] 张江舟. 袁家村：40年发展步伐与改革同频[N]. 陕西日报，2018-10-18(009).

[23] 常华，张大鹏，张伯平，等. 突出六个方面 打造新时代美丽乡村——天津市蓟州区毛家峪村[J]. 农民科技培训，2019(06)：45-47.

[24] 魏利洁. 2021年全国农业绿色发展典型案例[EB/OL]. [2023-03-16]. https://xczx.cctv.com/2022/05/26/ARTIg5spjreK0kYvFfc6O4K7220526.shtml?spm=C73274.PsajPr3mB1MH.E41Fqyzzl6N4.92.

[25] 岳劲松，张大鹏. 奋进新征程 建功新时代(十一)大湾村巨变[J]. 求是，2022(15)：72-73.

[26] 侯亚景，陈文君. 永丰村里稻花香[J]. 求是，2022(15)：74-75.

[27] 何雯雯，曹雯. 遵义，最美最浓是红色[J]. 求是，2022(15)：76-77.

[28] 颜奇英，王国聘. 乡村生态振兴的实然之境与应然之策——基于江苏美丽乡村建设的研究[J]. 江苏农业科学，2021，49(23)：8-14.

[29] 国家乡村振兴局. 农业农村部 国家乡村振兴局关于开展2022年“百县千乡万村”乡村振兴示范创建的通知[EB/OL]. [2023-03-16]. https://xczx.cctv.com/2022/07/22/ARTI3Du26T8U2W5rQyg7CysM220722.shtml. 2022-07-22.

[30] 孔祥智，穆娜娜. 实现小农户与现代农业发展的有机衔接[J]. 农村经济，2018，424(02)：1-7.

[31] 王亚迪. 乡村振兴背景下农业人才培养模式研究[J]. 农业经济，2022(07)：112-113.

[32] 王俊程，窦清华，胡红霞. 乡村振兴重点帮扶县乡村人才突出问题及其破解[J]. 西北民族大学学报(哲学社会科学版)，2022(04)：104-112.

[33] 仝志辉，贺雪峰. 村庄权力结构的三层分析——兼论选举后村级权力的合法性[J]. 中国社会科学，2002(01)：158-167+208-209.

[34] 仇童伟，罗必良. “好”的代理人抑或“坏”的合谋者：宗族如何影响农地调整[J]. 管理世界，2019，35(08)：97-109+191.

[35] 赵红亮. 乡村振兴视域下基层领导力建设研究[J]. 领导科学，2022(08)：129-132.

[36] 罗仁福，刘承芳，唐雅琳，等. 乡村振兴背景下农村教育和人力资本发展路径[J]. 农业经济问题，2022(07)：41-51.

[37] 陈平丽. 弘扬优秀传统文化 非遗赋彩新时代画卷[EB/OL]. [2023-03-16]. https://tv.cctv.com/2022/08/13/VIDEIkwGQJkgdwOUqFpFl7mu220813.shtml?spm=C31267.PXDaChrrDGdt.EbD5Beq0unIQ.5.

[38] 杨华，范岳，杜天欣. 乡村文化的优势内核、发展困境与振兴策略[J]. 西北农林科技大学学报(社会科学版)，2022，22(03)：23-31.

[39] 李宇军. 用好乡村历史文化遗产[J]. 人民论坛，2018(33)：136-137.

[40] 于法稳. 绿色发展理念视域下的农村生态文明建设对策研究[J]. 中国特色社会主义研究，2018(01)：76-82.

[41] 高吉喜，孙勤芳，朱琳. 实施乡村振兴战略 推进农村生态文明建设[J]. 环境保护，2018，46(07)：12-15.

[42] 王雨辰. 习近平生态文明思想视域下的"人与自然和谐共生的现代化"[J]. 求是学刊，2022，49(04)：11-20.

[43] 刘旭. 探索生态产品价值实现路径 促进生态资源资产协同发展[EB/OL]. [2023-03-16]. http://www.qstheory.cn/zoology/2021-12/24/c_1128195591.htm.

[44] 宋洪远，金书秦，张灿强. 强化农业资源环境保护 推进农村生态文明建设[J]. 湖南农业大学学报(社会科学版)，2016，17(05)：33-41.

[45] 唐仁健. 扎实推进乡村全面振兴[J]. 求是，2021(20)：39-44.

第五章

生态城市建设发展路径研究

城市是现代文明的标志与重要呈现载体，实现城市生态化发展，是生态文明建设的应有之义。新时代构建城市人与自然和谐共生的命运共同体，保护城市生态环境必须更加突出，城市生产空间、生活空间、生态空间需要科学合理创新规划设计，处理并利用好城市生产、生活和生态环境保护的相互关联，实现经济高质量发展，人民生活品质持续提升。

新时代城市建设要以推动历史文化传承和人文城市建设为核心，保护延续历史文脉，建设宜居、韧性、创新、智慧、绿色、人文生态城市。首先需要大力倡导“绿水青山就是金山银山”理念，改变现有的城市发展建设规划模式，遵循自然规律规划设计生态基础设施，以生态承载能力确定生产、生活设施种类与规模，提升城市环境基础设施建设水平，推进城市人居环境整治，实现人与自然共生。其次，持续提升人与自然和谐共生质量，精准施策构建城市生态文化，实现生态文明与文化传承的有机融合。

5.1 生态城市发展理念

“绿水青山就是金山银山”新发展理念，对发展的目的、动力、方式、路径等一系列理论和实践问题进行了深刻的阐释，明确了发展的政治立场、价值导向、发展模式、发展道路等重大问题，在生态城市建设与治理的全过程和各领域必须完整、准确、全面贯彻。

“绿水青山就是金山银山”新发展理念中，“绿水青山”是指结构完整、功能完善、健康自然的生态景观体系。“金山银山”是通过建立生态基础设施，健全其综合的生态系统服务与生态产品，包括：洁净的水和清新的空气、维护生物多样性、雨水分布调节、地域环境气候调节、审美塑造与生态休闲等。结合生态城市实际进程，“绿水青山”是城市生态环境，“金山银山”是城市生产与经济。城市生态环境、城市生产与经济两者之间又存在相互依存的关系，“绿水青山”可以转化为“金山银山”，生态产品与生态服务直接或间接作为生产的原料以及生产条件，参与生产过程，提升产品附加值，实现经济价值，推动经济发展。当下，“绿水青山”是国家的稀缺生态资源，我国经历的三四十年的城市发展进程证明，没有“绿水青山”就没有“金山银山”。生态城市也是基于这一经实践证明的经验提出的。城市的未来需要绿色、可持续发展，需要生态环境安全、多样性来保障，避免城市生态危机与城市生态“疾病”，通过理念创新、科学规划、科技助力、海绵模式，实现生态、韧性、可持续的生态城市、生态文化、生态文明。

5.2 生态城市发展影响因素

生态环境作为统一的自然系统，是人类生存发展的根基。山水林湖草等城市环境组成要素紧密联系、相互依存，形成有机整体，无规律地随意被侵占和破坏会造成严重后果，城市就会失去生机活力，甚至会因生态环境恶化而陷入生态危机，威胁到市民的日常生活与城市的未来发展。保护好生态环境，走绿色发展之路，人类社会发展才能高效、永续。

城市是人类文明的聚集地，也是文化发展的载体。城市文化涵盖面广，涉及生活方式、社会习俗、人文精神、历史建筑、文化设施、文化遗产等方面。例如，京剧、故宫、四合院、胡同、城墙等文化符号特征鲜明，体现我国首都北京的文化底蕴，成为北京城市文化的关键组成部分，丰富了城市居民的生活色彩，极大提升了北京的城市文化魅力。

随着新时代我国经济发展进入以高质量发展为核心的转型期，产业结构向创新型、集约型、高附加值、低碳型结构转变，互联网＋、生态业、旅游业、高科技创业、新材料产业成为我国经济新的增长点。新时代中国城市发展追求的是人与自然和谐共生，生态环境与城市人居设施的有机融合，形成命运共同体。生态城市是依据生态文明理念，按照生态学原则建立的经济、社会、自然协调发展，物质、能源、信息高效利用，文化、技术、景观高度融合的新型城市，是实现以人为本的可持续发展的新型城市，围绕生态文明建设与文化传承融合进行城市规划，使和谐的自然生态环境与浓厚的优秀文化底蕴成为城市的特色与品牌，是人类绿色生产、生活的宜居家园[1]。

5.3　生态城市规划与生态建设现状

生态城市规划与建设既要满足人民日益增长的物质财富和精神财富的美好生活需要，也要满足人民日益增长的更多优质生态产品以及优美生态环境的需要，是绿色的、以人为本的、可持续的规划与建设[2-4]。当下，我国生态城市建设仍然处在摸索、探究阶段，与中国实际最贴切的生态城市规划设计原理和实践经验需要长期积累与不断凝练。目前，生态城市建设综合问题比较突出[5-7]，主要表现为以下几个方面。

（1）生态城市建设的思路不可复制

生态城市建设在全国范围内被大力推广，受到经济发展基础、自然环境、顶层设计、建设目标、建设质量要求等因素的影响，在实践过程中对生态城市建设中涉及的概念内涵界定、工作方针、实施方案等关键环节存在很大差异，生态示范城市、生态园林城市、生态旅游城市等一批生态城市建设示范工程被确定，相关建设工作机制不一致。将相关经验放大到更大范围推广、转化受到客观条件的制约，对相关政策、措施贯彻存在选择性，有关原则和理念需要与时俱进，确立更明晰的思路。

（2）不同类型生态城市协同发展的内核驱动力不足

各城市由于天然禀赋不同，对资源掌控各不相同，建设生态城市的类型也不一样，需要形成生态城市群，构建统一、完整、和谐城市生态。不同特点的城市开展生态城市协同规划与建设前，都有自己的发展规划与发展模式，并形成了自己的体系，应注意现有规划与生态城市群建设要求的适应性。相同自然地理基础、资源构成、环境要素的相邻城市间产业布局、产业市场的分配公平，也是重要的影响因素，利益发生冲突会影响协同发展的质量与水平。生态城市群协同规划与建设是为将资源统筹规划、协同分工，充分发挥各城市自身优势，互为补充，实现效益最大化，发展高效化。目前城市整体生态环境形势仍然十分严峻，地域发展不平衡现象严重，并未实现自身经济发展与生态保护的良性循环，生态城市群建设出发点多限于自身利益，缺乏生态整体观念。为了解决自身发展制约问题，各个城市把不适合自身条件的产业、污染产业向外转移，实现经济增长。因此不同城市的得失利益不均衡，发展生态城市群的积极性也不一样，对待相关协议措施的有效性也各不相同。

（3）生态城市规划蓝图实现过程中存在偷梁换柱

在“绿水青山就是金山银山”发展理念下，不同城市制定了以建设生态城市为核心的发展规划，涵盖建设目标、建设理念与依据、工作机制、建设步骤等方面。发展规划作为生态城市建设的主导，建设过程中未能高比例地将规划转化为现实生态与效益，城市居民并未确切感受到生态城市回归自然规律的成果，效益大多停留于数字上，更有甚者将规划抛开背道而驰。根源在于：首先，城市所做生态城市规划不接地气，与城市地域实际不够吻合，宏观远大于客观，缺乏操作性，应有的作用得不到发挥；其次，生态城市规划缺乏整体和长远的思考，对生态城市建设中可能出现的问题预测不够精准，使生态城市规划的科学性、时序性、实效性受到迟滞影响；最后，生态城市规划实施过程中没有构建过程监控机制，缺乏过程数据监测，未建立问题反馈与持续提升改进机制。

（4）公众参与生态城市规划工作机制不完善

城市社会公众是生态城市规划效益的直接、最终受益者，对生态城市规划制定、实施、建设、管理有知情权、参与权、表达权和监督权。生态城市规划实施过程中，建设与运营等关键环节仅有政府和开发建设单位主要参与，城市社会公众、社会组织等社会主体只是象征性地出现，协调作用无处发挥。原因在于：首先，生态城市建设的过程周期长，生态城市成效短期内无法呈现，社会主体无参与积极性；其次，社会主体的生态城市意识不完善，生态城市的建设中社会主体参与的机制没有建立，社会主体参与生态城市建设相关活动的经验不足。

（5）生态补偿机制没有完全落实，激励政策还不完善

某些城市政府因GDP在相关考核中比重偏大，更多地将经济效益的协同发展摆在城市协同发展的首位，选择性地忽视教育、医疗、环境治理、城市生态等短期难以见成效的外溢性公共产品的协同与合作。另外，城市间较多的协作集中于城市外围工作，深度的大气污染治理、科技资源与成果共享等层次的协同较为罕见，城市协同发展利益共同体、城市发展要素一体化市场、生态环境保护联动机制、公共服务信息化协调平台还没有同步建设、协同发展。

现有生态城市群建设过程中，经济落后区域的生态环境与经济发达区域具有一定优势。在生态城市群建设协同发展过程中，这些经济落后区域在环境保护方面做了大量工作与牺牲，而在经济补偿方面与做出的生态贡献不匹配，生态补偿的范围、对象及数额还没有形成全国统一标准与机制，生态货币补偿力度与精准程度不够，补偿目标城市满意度不高，由上至下的纵向生态补偿机制有待完善，生态城市群内部城市的生态补偿机制尚处于真空状态。

（6）生态城市协同发展法治机制不完善

现有的生态城市间协同工作机制主要包括论坛、联席会议、城市联合会等形式，协调管理机构不明确不固定，约束、问题解决机制不完善，协同工作以务虚为主。在国家层面针对城市生态协同发展的立法较少，生态城市群组成城市间立法科学性、合法性不足。生态城市协同发展实际过程中，签订的协议执行阻力巨大，各种框架协议不存在任何法律约束，协议被单方面破坏后没有任何惩戒。

5.4　生态城市协同发展示范工程案例

（1）以生态承载力确定产业规划，综合解决问题

传统城市规划将生产、生活建设用地摆在首位，没有依据城市生态自然过程、生物过程、乡土文化体验过程、生态休闲过程建设与城市地域自然要素相匹配的绿色基础设施（微观模块化自然系统）。将传统城市规划侧重点

先后顺序进行转化，从城市生态整体出发，优先设计绿色生态基础设施，以生态承载能力为极限进行生产、生活设施种类、数量、规模的设计，可以称之为“生态中心规划设计”。

“生态中心规划设计”充分利用多维度空间尺度，构建不同功能性质的生态基础设施。城市宏观尺度，构建区域生态缓冲系统，首先对城市水生态系统的区域空间格局进行研究与分析，将水生态系统的安全格局与土地规划和土地利用紧密结合，划定生态红线构建城市区域生态基础设施。城市中观尺度，精准分析城市区域内自然生态体系（河道、湖泊、城市绿地、城市湿地、集水区域、汇水点等）的布局，进行科学、合理规划，建成实体生态系统，将土地利用控制性规划围绕实体生态系统进行设计，并落实到生产、生活设施建设实际中，构建人与自然相互支撑、相互促进、和谐共生的生态城市。城市微观尺度，将中观尺度的规划生态功能模块设计，转化为与城市实际环境相适应的生态工程，例如城市人工湖泊、人工河渠、街心绿地广场、城市生态廊道、通风廊道等。城市微观尺度关键在于运用一系列生态基础设施建设技术，将生态技术集成化应用，通过具体城市生态设施为城市提供具体生态产品与服务，发挥综合生态服务功能。

综上所述，“生态中心规划设计”是以自然为主、生态先行，建立“城市宏观尺度”“城市中观尺度”“城市微观尺度”全方位、立体化生态安全格局、绿色基础设施，然后再进行生产、生活建设规划设计的过程。例如，浙江金华燕尾洲天然防洪示范工程。

（2）利用城市河流水文自然规律构建生态弹性防护措施

目前，大多数城市河流、水利工程为了防范百年一遇的洪涝灾害，一般修筑永久性钢筋混凝土堤防，与自然生态系统其他元素形成了人为隔离，失去了物质、能量的联系，造成自然景观的不连续性，破坏了自然系统的生态服务功能。同时城市河流水面收窄，反而大大提升了洪水破坏能力。使河流沿岸周围城市组成要素亲水性被破坏。围绕城市河流水文自然规律，将河流内部分河心洲头设计为周期可被淹没区。此外，将河流河堤用多级可淹没的梯田生态植被区来代替，构成城市河流生态护坡，生态护坡增加了河流行洪断面，使河流洪水期流速减缓，极大降低了城市洪水泛滥风险，同时提升了河流沿岸景观自然性。河流护坡梯田大量种植与季节性洪水相适应的地域性植被，同时在护坡梯田中建设网格道路，为游客在河流枯水期提供天然生态体验空间。河流丰水期含有大量泥沙，在河流河堤上多级梯田沉积，为禾本科植被茂盛生长提供充足的营养。充分利用城市河流水文自然规律，建设生态、弹性防护措施使得城市河流沿岸形成生态植被生机勃勃、休闲旅游、缓冲洪涝等功能融合的生态美丽景观。例如，沈阳建筑大学农田作物绿化示范工程。

（3）引入地域自然景观提升城市生态要素自然生产能力

不同城市所处自然环境各异，地域景观各有差异，城市生态景观设计主要依据生态学原理，组成景观的生态要素主要是观赏性植物，费用较高、建设周期长，维护费用、人工等成本居高不下，同时由于水土不服还造成自然死亡等现象。本地地域野生植物、乡村农作物具有高度适应性，相关景观建设时间短、费用低，可以克服景观环境建设时间周期短、要求高、资金匮乏的重重困难。以农作物和乡土野生植物为基底的景观，体现节约、绿色、可持续理念，在充分体现地域风貌的同时，更易于更新管理，可以为城市居民提供观赏、休闲、学习科技知识的场所，同时还可以感受田园收获、共享、劳作的体验。例如，广东中山岐江公园城市主题公园。

（4）取材本地文化与遗产实现再生与传承

新时代中国要实现高质量发展，需要对产业结构进行调整，许多传统产业工艺、设备、产房被淘汰、拆迁，但是这些产业是宝贵历史遗产的记忆。取材本地文化与遗产，实现再生与传承。将传统产业中象征性的建筑、设备、工艺车间、生产工具等，通过新的表现形式进行主题设计，构造时代发展浓缩记忆馆，保留不同时代本地象征性产业的历史痕迹。

北京地区自然形成的大气污染本底值很高，环境容量非常有限，首都的特殊地位，不适合再继续发展钢铁冶炼工业，同时为适应 2008 年举办奥运会对不断提高的环境质量标准，需要把首钢整体搬迁，搬迁后的钢铁主流程产区被改造设计为首钢园。其中，首钢园区作为工业遗产再利用与城市更新的典型代表，占地面积大约 2.91 平方公里，是中国规模最大的钢铁工业遗产之一，也是超大城市中心城内唯一的大规模工业区改造项目，拥有气势磅礴的工业遗存，与石景山、永定河等自然山水交相辉映，独具首钢特色风貌。

首钢园将丰富的工业遗存风貌与现代展会相融合，以新旧材料和空间对比延续老首钢工业之美，实现了由工业建筑向现代会展空间的转变，为首钢园区未来转型升级提供了积极有益的实践与探索[8]。

（5）充分利用生态要素自然变化规律消除外来干预

城市生态治理过程中，为了清除生产、生活造成的污染，需要建设基础设施路、改变原有结构，建设过程中以便于施工改造为核心，欠缺对自然环境原生态发展考虑，降低了城市生态环境的自然美感，降低了生态服务功能。例如，在城市区域河道治理过程中，自然形成的河道被人工渠化和硬化，需要大量资金、施工工程设备与材料，对周围环境影响大，施工周期较长，后续维护周期间隔短。可以采取人工干预更少、又更明智的城市改造、设计、利用方式。设计中保留自然河流的绿色与蓝色基底，河流堤岸以可降解高分子材料玻璃钢为材质，构建集步道、座椅、环境标识系统、本地植物展示、亮化灯光等多种功能和设施于一体的堤岸人工景观，与堤岸形状相吻合呈线性分布，与堤岸整体融为一体，将人类影响降到最低，充分满足城市居民最大化需求，建成一种人与自然和谐的生态与人文空间，成为令人流连忘返的城市游憩地和生态绿廊。例如，天津桥园湿地综合示范工程。

（6）精准挖掘潜力优化自然生境

由于人类生产生活的影响，废弃物无规划随意弃置，形成垃圾遍布、污染严重、土地盐碱化的城市废墟景观。以景观再生为理念，通过地貌改变，覆植环境适应性植物，利用自然做功实现景观自然恢复。例如，废弃尾矿存储场有大量废弃尾矿渣，在尾矿堆放区挖不同深度的土方，营造出大小深浅不一、标高不同的洼地，经过自然降水在不同的洼地中形成不同水分和盐碱条件的生境，适宜于不同植物群落的生长。同时，洼地形成雨水微观容纳区收集雨水，经过自然演替，呈现出不同形态的水敏性景观。例如，黑龙江群力国家湿地公园提升改造示范工程。

（7）依据城市生态功能需要功能化设计工业废弃用地

由于历史原因城市内有大量工业存在，随着新时代的开启以及发展理念的转变，工业逐步退出城市规划，整体搬迁至工业园区，遗留下许多工业废弃用地。依据工业废弃用地所处自然环境，将其转化为食物生产、洪水调蓄、水净化、多种生物提供栖息地的综合生态服务系统，实现再生设计。例如，紧邻天然江河的工业废弃用地，将工业用地中心轴向开挖出建成条带状、具有水体净化功能的人工湿地，人工湿地沿线两岸设计滨水生态环境来净化河流受污染的水，设计人工瀑布墙用于水体曝气加氧净化富营养化的水体，利用人工梯田实现污水自然逐级沉降、充分过滤水中杂质，梯田中水生植被依据污水中所含污染物种类确定种植品种实现最大化吸收，人工湿地主题公园为城市居民提供大自然愉悦体验同时实现水质净化，流经湿地公园被净化的非饮用水用于景观绿化用水，大量节省河流污水处理费用。例如，上海后滩公园改造示范工程。

（8）利用城市自然地形高差实现河流分段治理

不同城市所处地形地貌各有差异，充分利用地形高差将河流从上游引入城市，源头处形成地下涌泉，进入城市并改善其生态环境，最终在下游重新汇入河流；构建弹性蓄洪生态技术模块化设施，采用城市人工蜿蜒水道技术＋沿岸湿地，提升河流生态系统防洪缓冲弹性能力，枯水期可利用沿岸人工湿地蓄水，湿地中依托原有树木等自然植被通过人工改造，形成湿地树岛景观。利用生态功能设计调节雨洪，对天然水体进行适应性功能设计，结合水体污染治理与河道硬化修复工程，最大限度留存自然植被，融合功能服务设施艺术化设计，构建城市休闲慢行系统设施，形成贯通城市、易维护、低成本、功能多样的城市生态廊道，提供全面、可持续生态服务。例如，河北唐山迁安三里河治理示范工程。

（9）围绕水生态修复实现城市修补

依托城市主要设施与自然地形地貌，通过生态修复实现自然修补。主要生态修复围绕河岸线、海岸线、道路、山体等修复。

水生态系统修复，要保证水利安全、整体生态连通、景观连续，形成城市海绵系统。恢复水生态系统自然状态，将自然水演变过程引入。例如滨海城市引潮汐入公园，恢复红树林的生长，规划天然鸟类栖息岛，精准划分人、鸟活动分区，消除各自间的相互影响。对于城市居民活动区设施进行功能整合，扩大居民生态空间，提升城市生态要素缓冲能力，构建城市生态海绵模块。

充分挖掘本地文化与地域记忆，改善城市水体水质，培育湿地生境，融入城市服务功能，构建池塘系统为核心生态要素以及实施方案来源，打造城市雨水收集、雨洪滞蓄、水质净化、湿地生境恢复、人造候鸟栖息地、地域文化展示多功能复合的综合性城市湿地生态系统。

生态道路设计方案将目前大多数城市采用的市政灰色基础设施色彩的城市排水系统改造为充分利用道路绿地，以“排”为主，“排、蓄、渗”三大功能结合的生态雨水排放系统，滞蓄年暴雨径流量的60%。结合道路外部环境合理安排种植，采用开放空间布局，设计慢行系统，打造多样城市街面展示为主要特色的城市景观生态道路。

山体修复，首先对山体现状进行调查与实际勘探，弄清楚对城市生态环境的现实影响因素。大多数山体因具有开采价值，被破坏的山体造成巨大高差和视觉影响问题。建立城市“梯田”，采用多样化种植形式以及精准、细致的种植结构设计，建设融山地种植、城市休闲、视觉高差渐变为一体的城市生态山地景观。例如，三亚城市湿地、山地、河道生态修复与城市生态建设示范工程。

（10）提升生态要素容纳能力全面缓解生态压力

污染严重、土壤硬化、自净功能遗失殆尽是城市需要治理生态环境要素的多数现状。从宏观和微观两方面发力，首先恢复生态环境要素的雨洪调蓄与净化功能，将城市河流沿岸径流、人工池塘、地势低洼地带等整体融入湿地雨洪调蓄与净化系统，化解城市降水内涝，平衡城市景观河道用水，分级净化雨洪。其次，恢复城市河流河道自然驳岸、护坡，恢复河道自然生态环境与天然净化能力，重现河道自然生命力。从微观角度精准分析河道自然地貌，依据地形进行设计，利用地形落差构建梯田化梯级池塘净化系统，减缓地表径流速度，增加系统自我净化时间，同时形成多样化生态环境。例如，贵州六盘水明湖湿地示范工程。

（11）综合治理河流

依据“五水共治理念”，提出综合治理方案与措施，对于工业废水进行收集，进入污水处理厂深度处理，处理达标作为景观用水排入河道，河道建立自然风貌、农田果园、小型城市湿地组成的水净化系统，形成绿色海绵系统，保护河道植被，恢复生态河岸，划分步行、自行车专用道路，建造采用挑空的方式减少对生态环境影响，达到既享受自然生态系统服务又不产生影响。例如，浙江浦江生态廊道示范工程。

（12）生活化设计生态设施

充分发挥城市家庭最小单元的作用，生活化设计生态设施，从家庭做起，实现绿色可持续发展。城市房屋屋顶、阳台占城市建筑地表覆盖面积的20%～30%，通过收集屋顶雨水、太阳能等转化为能源与水资源，以解决城市的能源问题和城市雨水问题。对现有城市居住建筑进行生态改造，将阳台改造成可食菜园和多样化花园，利用屋顶收集的雨水浇灌蔬菜，每年可以生产32千克的蔬菜。同时，阳台的水也可以进入室内，进行降温和空气净化。通过阳台花园对温度和空气湿度的调节作用，夏天可以不开空调，冬天可以不开加湿器。这种以家庭为单位的低碳改造如果得到普及，节能和改善环境的社会和经济效益将十分显著。例如，北京褐石公寓阳台改造示范工程。

5.5　生态城市建设策略与发展路径

生态城市依据不同城市建设与发展涉及的生态因子的不同，分为“生态城”“园林城市”“绿色城市”“生态园林城市”“山水城市”“国家森林城市”“生态市”“生态文明先行示范区”“花园城市”等。新时代随着新发展理念实践与发展，在“绿水青山就是金山银山”“人与自然和谐共生”发展思想的指导下，生态城市建设要从整体进行规划，突出生态价值观，将社会—经济—自然作为综合系统来规划，运用生态学、社会学、城市规划学、经济学等多学科知识以及多样化工程技术方法，对空间资源、社会文化资源进行优化，从社会、经济、自然整体协调发展的时—空结构角度提出建设策略与路径。

（1）建立完善的生态城市建设的规划与管理机制。充分理解与把握生态文明与生态城市之间灵魂与实体相互关系，进一步补充完善现有生态城市建设规划，以更高生态文明站位规划和设计生态城市未来发展。不同经济基础的城市开展生态城市建设，要精准分析自身条件，科学设定建设指标，做到指标设定“切实可行、适度提高”，实现生态城市发展道路多样化，促进区域持续发展。加强科学技术研究与示范工程，实现城市的节能减排、物质循环利用、能源有效利用，构建适应不同环境、经济、社会条件的运行机制。

正确认识环境与经济利益关系，建立生态保护奖惩机制，提升破坏环境的责任处罚和成本，促进区域和人群间和谐共生。建立新的经济核算体系，增加生态系统服务功能核算指标，建立实现生态保护补偿和生态产品价值的有效路径。生态城建设要从物质层面与精神层面着手，清醒认识国际环境和形势对生态城市建设的影响。充分认识生态城市建设的全局性、紧迫性、长期性，统筹城市居民与城市自然环境的和谐关系，实现人与自然的绿色、可持续发展[9]。

（2）提升城市民众生态城市建设思想境界水平

城市生态环境的改善与提升，可以为城市绿色、可持续发展蓄力储能，同样可助推城市生产力建设，民众生态城市建设思想境界的升华可有效推动生态城市建设的纵深发展。健全法律制度体系，保障生态城市建设制度化和规范化，针对城市河流、城市湖泊、城市湿地、人行道路、城市森林公园、传统格局公园、新建街心公园、房地产施工场地等城市要素制定行政法规和规章制度，扎实推进法律法规和规章制度有效落实，做到深入人心，提升执行力、监督力和威慑力。强化城市民众生态城市建设意识，其生产方式、生活规律、消费模式构成了生态城市的重要影响因素，让民众成为生态城市建设的参与者、维护者、担当者。通过参与义务植树、积极投身野生生物保护、建立绿色消费方式，使民众自觉树立生态建设意识，构建起全社会自觉建设生态城市的城市文化。

（3）城市基础设施功能设计科学化、集约化、人性化

城市基础设施是发挥城市功能、维护生态平衡、协调人与自然和谐发展的物质载体与关键要素。道路是连接城市的通道，规划要科学，具有超前意识，进行集约化设计与施工，降低建设成本与环境影响，避免资源浪费。施工所用原料要依据功能需要合理选用，例如道路两侧人行通道，需要具备缓冲城市内涝作用，整体结构如同海绵能够控制含蓄雨水，材料要具备一定孔隙度、具有良好的透气渗水作用，同时易于雨水沉积物清除。道路两侧绿化树木栽种要执行国家绿化标准，加装多孔结构高强度防护盖板从结构设计上保护树木与道路装饰地面砖等设施。城市生态功能植物选择要依据适地适树、抗旱抗寒、抗污水、生命力强、优选本地树种、季节性树木搭配、适度多样性、利于树木繁殖、树种间相生和谐等原则，并根据生态城市建设要

求、社会上人们日益增长的物质文化需求、城市居民对城市生态环境现实感受及时调整。

（4）城市绿化空间与民众活动空间科学配置

城市绿化空间是人与自然和谐共生的基础与具体呈现，城市绿化空间重点包括城市森林公园、城市公园、城市街心公园、城市社区绿化区，不同城市绿化空间建设要选址合理、配置科学。

城市森林公园生态调节功能突出，占地面积大，生物物种丰富，选址一般集中在城市郊区、工业园区附近为宜，建设要将生态产品输出作为基础，兼具研究、观赏、休闲等功能，只进行抚育性质的更新。城市街心公园作为城市民众提供户外活动与锻炼的公共区域，是新阶段生态城市建设的新理念、新思路，成为规划、建设的重点，财力、物力和精力被集中投入。以往以历史古迹、古树名木、历史人物为核心建立的城市公园，逐步被边缘化，未能实现与新建城市公园的均衡发展，政府要从宏观规划上保障不同类型公园同步建设和合理配置。城市社区绿化区是满足不同社区居民需求而设计与建设的，个性突出，在满足社区规划设计的基础上，要最大限度保持与城市整体绿化风格一致。

城市绿化空间建设要因地制宜、依山傍水，充分利用现有地形地貌，将江河、滨海区域、湿地、草甸等自然生态系统融入生态城市建设，充分考虑当地地理、气候、温湿度、风力风向、亲水环境等自然条件，因地制宜地复原生态，提升生态功能，最低限度影响原有生态要素。

生态城市建设需要生物多样性和谐生态环境，需要绿色植物与灵动生命的动物和谐相处，在城市设置具有一定面积的生态自然原始区域，让滨湖湿地、江河两岸、农田周边水域成为野生鸟类、水生动植物、陆地动物的栖息繁衍场所，构建原生态系统区域模块。

（5）城市内水环境与设施规划要适应社会与经济建设需求

城市内水环境与设施主要包括城市内河、城市湿地、河道沟渠。城市内河流修复首先要综合考虑整体水域自然规律、形态走势、泥沙量、水流量等因素，进行全方位自然修复，精准进行人工修复，让河流水势形态回归自然，保持原有走势，保留自然弯道缓冲的水面，让河流具有自然的迂回蜿蜒的态势，让河流实现水流特征与水体结构的多样化，构建适应人类生活与水中生物生存的水环境。河流流经城市河道两岸，在尽可能加固抵御洪水冲刷的前提下，要尽可能多地保留原有自然土壤裸露面积，一般采用石块垒砌、透水砖护坡、混凝土浇筑蜂窝状多孔斜坡，最大限度留存水生动植物生存空间，充分考虑生态功能的复原和人文景观需求的有机融合。城市内湿地要充分考虑社会效益，在建设湿地生物生存必要设施的基础上，增加城市民众休闲、娱乐、健身设施，让城市与湿地融为有机整体，充分满足人们亲近自然和文化上的需求。

（6）加速推进城市建筑绿色空间建设

强化传统城市绿色空间建设模式，主要包括具有悠久历史的学校校园，其中著名高等学府最为突出，还有人文文化底蕴深厚的古代宫殿建筑，以及将历史人文文化与自然环境有机融合的园林。以上三种建设模式，出于建筑自身具有的敬畏性、神圣性和私密性等特点，与外界联系不紧密，相对独立，具有专业人员进行管理与看护，最大限度避免来自外界的干扰与影响，保留了具有成百上千年历史的树木，构成了局域范围内多样性植物聚集地，成为生态城市建设发展可借鉴与推广的三大模式，要继续发扬光大。

推动生态城市公共绿色空间持续提升。要以城市现有校园、公园、园林为载体，将城市除建筑占地外的城市森林公园、河流两岸景观带、滨湖湿地公园、条片状绿色花卉草地、社区区块绿化地带等绿色植物生存生长地，统一规划、联动、治理、保护，形成多片区、多层级和多角落的整体绿色廊道体系，高度融合景观与生态环境，人类社会与自然和谐共生，社会公众切身体会、感受、体验更多高品质生态产品，拥有更多的生态获得感。

将绿色植物适度引入居住空间，深化居住环境与自然的融合程度，以现有建筑的屋顶、平台、建筑外墙为依托，配套建筑、规划职能部门出台的政策与法规，让建筑屋顶成为空中花园，墙壁成为人造青纱帐，室内阳台与室外露台成为天然绿色种植地，实现建筑的立体绿化，将整个城市化为绿色生态海洋，同时储蓄天然降水、降解生活污水、净化城市空气，形成区域气候与环境[10]。

参考文献

[1] 刘举科，孙伟平，胡文臻．生态城市绿皮书：中国生态城市建设发展报告（2019）[M]．北京：社会科学文献出版社，2020.

[2] 李琳光. 生态视角下城市规划策略探索[J]. 工业建筑，2022，52(05)：259.

[3] 刘俊松. 城市环境工程对生态环境的影响研究[J]. 环境工程，2022，40(05)：295.

[4] 臧鑫宇，王峤，李含嫣. “双碳”目标下的生态城市发展战略与实施路径[J]. 科技导报，2022，40(06)：30-37.

[5] 范育鹏，方创琳. 生态城市与人地关系[J]. 生态学报，2022，42(11)：4313-4323.

[6] 朱蕴丽，李美华. 生态城市建设中的若干弊端及对策探讨[J]. 江西社会科学，2021，41(12)：247-253.

[7] 陈琰. 水生态文明城市建设体制与机制创新[J]. 水资源保护，2021，37(05)：177.

[8] 尹星云. 服贸会让首钢园焕发新活力[EB/OL]. [2023-03-16]. https://baijiahao.baidu.com/s?id=1743104784204789198&wfr=spider&for=pc.

[9] 郭媛媛，于宝源. 李文华院士：发挥生态学重要作用，助推生态环境协同保护[J]. 环境保护，2022，50(14)：41-43.

[10] 邵帅，刘丽雯. 中国水污染治理的政策效果评估——来自水生态文明城市建设试点的证据[J]. 改革，2023，348(02)：75-92.

第六章

生态环境监测与生态环境治理发展路径研究

生态环境监测是保护生态环境的基础，支撑生态文明的建设，保障生态环境治理体系和治理能力持续提升与发展。经过四十多年的不断奋斗、创新发展，我国已建成规模世界第一的生态环境监测网络，形成了符合我国实际的生态环境监测技术体系，构建了生态环境监测数据应用的先进业务体系，确立了比较完善的制度与法规体系，建立了职责明确的生态环境监测与生态环境治理工作机制。

6.1 生态环境监测与治理现状

目前，大气、水、土壤等环境要素质量监测体系不断健全，形成较强的环境空气质量预报预警能力，信息共享与信息公开机制不断健全，监测技术能力与装备水平得到强化，为生态环境保护、治理决策提供有力支撑与保障。生态环境监测网络更加完善、体制机制更加顺畅、数据质量更为可靠、作用发挥更为突出。

2020 年，全国监测用房总面积为 394.7 万平方米，监测业务经费为

230.6 亿元。环境监测仪器 33.4 万台（套），仪器设备原值为 595.7 亿元。全国环境空气监测点位 12520 个，酸雨监测点位数 1130 个，沙尘天气影响环境质量监测点位数 57 个；地表水水质监测断面 12305 个，集中式饮用水水源地监测点位数 6166 个；开展声环境质量监测的监测点位数 228528 个；开展污染源监督性监测的重点企业数 45753 家[1]。

6.1.1　生态环境监测网络建设逐步完善

按照科学全面设点原则，国家生态环境监测覆盖范围和布局不断优化，已经建成具备监测环境质量、重点污染源、生态状况等功能的贯穿于国家、省、市、县四级监测体系。其中，城市环境空气质量自动监测站 1436 个，地表水环境监测断面 2767 个，地表水水质自动监测站 1946 个，海洋环境监测点位 1500 多个，土壤环境监测点位近 8 万个，能够支撑各要素环境质量评价。

随着生活方式变革与生产工艺创新，以及人民群众对环境质量要求不断提升。各类监测点、面、站的监测类别、指标要求以及功能逐步拓展，水质自动监测站点新增重金属、生物毒性（鱼）、粪大肠菌群等监测指标；在重点控制区域的 90 个城市推进颗粒物组分自动及手工监测网络构建，主要涉及京津冀及周边地区、汾渭平原及周边地区、长三角地区，其中包括 102 个颗粒物组分自动监测站、99 个手工采样点、38 个激光雷达观测站，对 118 项挥发性有机物进行监测，在多达 7 个城市进行光化学监测，将环境监测从单一数字的浓度监测转变为物质化学组成的监测[2]。当下，初步形成环境监测立体遥感空间监测网络，用于遥感在轨运行工作卫星 5 颗，建成多用途、多功能卫星数据地面接收设施，具有数据共享、数据存储、数据图形化等功能，结合低空无人机遥感设备，构建了空、天、地立体化生态环境遥感监测应用平台[3]。

6.1.2　生态环境治理体系应急能力快速提升

京津冀区域环境空气质量预测预警中心作为预警示范工程于 2013 年建立，积累预测、预警经验基础上，在长三角、珠三角等重点区域建立更多环境质量预测预警系统，目前所有省区市全部建立了环境空气质量预测体系，形成了预报、预警能力，构建了完善的国家—区域—省级—城市四级预报网络，能够预测区域内最长10日内环境空气质量变化走势，区域重污染过程100%精准预测、预警，区域城市污染级别精准率达80%，环境质量预测设备、技术达到国际一流水平。重要河流、水体、饮用水水源地强化水质自动监测，对水质全方位实施实时监控，逐步提升自动监测预警能力，充分利用数字模拟技术，积极推动水质模拟预测、评估能力提升。围绕工业园区，建立了覆盖所有重点污染源的自动监控预警网络体系，重点推动工业园区有毒、有害气体监测体系的设置，提升工业园区环境风险预警能力。在《生态环境应急监测能力建设指南》《生态环境应急监测能力评估要点》等国家有关应急监测制度文件指导下，建设环境应急监测体系，省级、绝大部分市级监测网点具备监测有机物、重金属、常规指标、生物指标的应急监测设备。

6.1.3 生态环境监测与治理信息化水平显著提高

生态环境监测信息化是生态环境监测信息共享的基础，实现不同级别、不同种类监测数据统一联网，建成全国污染源监测管理与信息共享平台，逐步推进环境质量、污染源等监测数据实现国家-省-市-企业-科研单位-居民互联互通、共享共用。推进生态环境监测大数据平台建设，运用云计算、“互联网+”和大数据处理等信息化技术手段，开展环境质量、污染源监测、应急处理等数据计算与分析，完善不同形式和途径各类生态环境监测信息的公开制度，大幅度提升环境监测信息公共服务水平。

6.1.4 生态环境监测与治理基础研究能力不断强化

随着社会需求变化、产业工艺升级、生产方式转变、环境变化等因素的影响，会产生新的污染物，具有新的产生机制，建设了国家环境监测质控能力、国家土壤监测专业实验室、污染源监督性监测抽测能力等生态环境监测基础能力提升项目，将我国生态环境监测数据综合分析与质量控制水平显著提升。在环保机构监测垂直管理制度落实背景下，构建了权责分明的国家、省、地方、企业等生态环境监测主体的工作机制，增强了对有机物、重金属、109项水质全分析等监测技术与设备的支持，进一步夯实生态环境监测基础能力。为了使生态环境监测设备发挥更好监测成效，国家深入推动《生态环境保护人才发展中长期规划（2010—2020年）》的落地生根，采取引进人才、技能培训、技能大赛、强化科研创新机制等多项措施，提升环境监测人员操作水平与业务能力，强化创新科研型环境监测人才队伍建设。形成了政府与社会互补的生态环境监测体系，目前生态环境保护政府部门所属监测管理与技术机构 3500 多个，从业人数达 6 万多人，社会化生态环境监测机构业人数达 24 万多人[4]。

6.2　生态环境监测与治理面临的困境与短板[5-7]

“十四五”期间，我们要推进美丽中国建设，产业结构调整、污染治理、生态保护、应对气候变化需要系统化统筹，降碳、扩绿、增长、减污要整体协同推进，实现生态优先、绿色低碳、节约集约发展。发展方式加速绿色转型，环境污染防治更加深入推进，生态系统多样性、稳定性、持续性稳步提升，碳达峰碳中和的稳妥积极推进任务艰巨、道路曲折，对于生态环境监测体系、技术、设备、能力的持续提升提出了更高、更精准的要求以及质量更高、更紧迫的需求。

6.2.1　生态环境监测指标体系要与时俱进

全面建设社会主义现代化国家，要对大自然作为人类赖以生存发展的基本条件的重要地位充分认识与落实，同时要精准满足尊重自然、顺应自然、保护自然的内在要求，将人民健康需求作为检验生态环境监测发展建设的唯一标准。

目前，我国环境监测所依据环境质量标准，主要依据经济社会发展程度、区域差异、生产工艺、环境监测技术水平、监测装备条件等因素制定，与新时代要求、不断提升的人民对自然环境需求、产业生产工艺创新、自然环境变化、精准治污还存在差异，无法与时俱进、同步提升、精准支撑。另外，质量标准多以量化数字为主，并未将居民自身实际感受、身体健康影响程度、生物自身变化与多样性等直接反映环境变化的生物状态指标融入并清晰列出。

6.2.2　污染防治精细化支撑能力缺乏

生态环境质量改善实际情况与切身实际感受效果存在差距，同时生态环境质量改善效果存在反复，不够稳固，局部区域污染问题形势依然严峻，随着经济社会发展全新的环境突出矛盾凸显，面向重点区域、重点行业、重点领域、重点产业污染防治，深入打好蓝天、碧水、净土保卫战，基本消除重污染天气，基本消除城市黑臭水体，加强土壤污染源头防控，提升环境基础设施建设水平，推进城乡人居环境整治让生态环境监测在精准度、指导覆盖度、数据分析深度等方面提出全方位、全过程的更高标准。但是，生态环境监测体系覆盖地域、覆盖领域、自动监测应变能力存在差距，地下水资源、动植物生态、“三农”、新污染物等监测体系需要大力建设，自动化监测分析气相与水相中重金属、非降解有机化合物、新结构污染物的装备与技术水平有待提升，支撑大气污染物源分析、颗粒物与气体污染物协同防治、水质预警体系、重点污染物排放监管与治理、整治挥发性有机物技术与能力不足。

6.2.3 生态监测与治理服务能力要持续增强

为积极应对气候变化，我们采取重要举措推动实现碳达峰、碳中和。为落实提升生态系统多样性、稳定性、持续性，加快实施重要生态系统保护和修复重大工程，实施生物多样性保护重大工程，推行草原森林河流湖泊湿地休养生息，实施好长江十年禁渔，健全耕地休耕轮作制度，防止外来物种入侵等要求，面向统筹生态保护与应对气候变化整体需要，现有的温室气体近地面监测能力和高空遥感监测技术不够完善，重点产业、城市、区域、流域生态、物质监测技术体系还没有建立，山水林田湖草沙等生态系统碳汇监测基础薄弱，服务降碳、减污、扩绿、增长的能力要持续增强。

6.2.4 系统化生态环境监测数字化水平有待提升

人工智能、物联网、云计算、区块链技术、移动互联网、大数据等新一代信息技术在经济社会发展过程中被广泛采用，为推动不同行业、领域高质量发展奠定基础，同样在生态环境监测领域，新一代信息技术为环境监测数据收集、分析、处理、共享提供了便捷的技术手段，为生态环境监测科学化、高效化和智慧化提供技术支撑，新的环境问题的出现也对生态环境监测信息技术水平提出更高质量的要求，目前人工智能、物联网、云计算、区块链技术、移动互联网、大数据等新一代信息技术支撑全方位、多维度、实时化、立体化的智慧监测体系仍然存在差距，体现在太空、天空、地面整体化协调融合应用体系、不同级别监测数据集成整合体系、深度分析与信息互连共享体系等构建与应用方面。

6.2.5　基层生态环境监测能力需要统一强化

为实现生态环境监测数据第一时间共享、分析、处理，生态环境监测机构完成了自上而下的垂直化管理，明确了各级生态环境检测机构职责，成效显著，但是基层生态环境监测能力无法满足整体环境监测内在高质量要求，是最为薄弱的环节。其中生态监测实验用空间、生态环境监测队伍、区域特征污染物监测与分析、有毒有害物质监测技术与能力、遥感监测技术、生物多样性监测技术与能力、应急监测设备与能力是突出的薄弱方面。在基层生态环境监测站点，用于常态生态环境监测的设备陈旧，缺乏监测新污染物的设备，专业监测人员队伍素质水平较低，业务能力不能满足日常生态环境监测需求，自身专业人员素质提升与日常监测经费严重匮乏，几乎完全依靠社会服务购买使自身生态环境监测能力严重退化，基层县域生态环境监测能力发展迟滞，与新时代生态环境监测需求无法与时俱进。

6.3　生态环境监测发展路径

大自然是人类赖以生存发展的基本条件。必须牢固树立和践行“绿水青山就是金山银山”理念，从人与自然和谐共生的角度与高度出发，精心谋划措施积极探索实施路径，坚持山水林田湖草沙一体化监测，以监测先行、监测灵敏、监测准确为基本原则，特别是监测数据要真、准、全、快、新。

面对挑战和新时期的新要求，生态环境监测现代化建设措施与路径，需要完整、准确、全面贯彻新发展理念，以“面向发展、服务公众，提质增效、协同融合，精准指挥、科技赋能，深化改革、凝聚合力”为原则，以《“十四五”生态环境监测规划》为指南，补短板、强弱项、提效能，全面提升生态环境监测能力与水平，有力支持生态环境质量持续改善和减污降碳协同增效，为推进环境污染防治，持续深入打好蓝天、碧水、净土保卫战，基本消除重污染天气，基本消除城市黑臭水体，加强土壤污染源头防控，提升环境基础设施建设水平，推进城乡人居环境整治提供强劲、持续、全面支撑[8]。

完善生态环境监测体系，提升综合生态环境监测能力，服务支撑基本实现社会主义现代化战略目标，为构建新发展格局、推动高质量发展提供保障。

新时代为全面建成社会主义现代化强国，实现中国式现代化，构建与之适应的生态环境监测体系，如图 6-1 所示，紧密结合生态环境监测工作自身特点和发展规律[9]，形成节约资源和保护环境的空间格局、产业结构、生产方式、生活方式，为人民创造良好生产生活环境，实现中华民族永续发展。

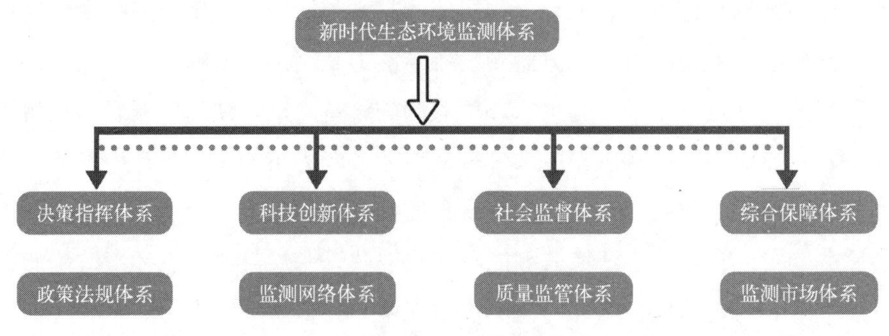

图 6-1　新时代生态环境监测体系

没有坚实的生态环境监测技术基础，就无法为全面建成社会主义现代化强国提供与经济社会发展同步的环境信息支撑。一定要树立尊重自然、顺应自然、保护自然的理念，强化绿水青山就是金山银山的意识，扎实落实节约资源和保护环境的基本国策，坚定不移地走生产发展、生活富裕、生态良好的文明发展道路，加快构建国家生态环境监测统一制度规范、统一规划、统一标准、互联共享机制。

6.3.1　加快构建生态环境监测新发展格局[9-11]

高质量发展是完善生态环境监测体制机制的首要任务，协调统一的组织领导是基础的保障，在全国生态环境监测工作的顶层设计应突出高质量发展内涵，逐步实现生态环境监测体系和谐、统一、融合发展。首先定义清晰的生态环境监测职责概念，对政府与市场做出明确生态环境监测定位，国务院各部门依据新时代生态环境监测体系，合理划分新时代生态环境体系职责执行部门，同时处理好国家部委与地方机构的生态环境监测权和支出职责。在自然环境、经济发展程度、发展目标等因素存在共同点，需要协同监测的区域、流域、海域成立强有力的区域联合生态环境监测指挥机构，同时设立支撑生态环境监测的技术机构，主要由监测与质控两部分组成。建立省级垂直生态环境监测管理体制机制，突出省级生态环境监测决策指挥机构统筹、管理实效，构建以生态环境监测职责为联系的省、市、县三级一体化省生态环境监测网络，在规划、标准等方面与国家生态环境监测网统一，实现生态环境监测数据互联、互通、共享、共用，推动经济社会、人民生活高质量发展。

依法规范、治理生态环境监测，客观精准呈现生态环境现状。为生态环境监测确定合法地位，实现生态环境监测有法律遵循与奖惩依据，要制定出台“生态环境监测法”以及“生态环境监测条例”。为实现生态环境监测数据的科学性、权威性、时效性、互联共享，出台生态环境监测网络管理办法、监测监管执法联动办法、监测信息发布管理规定、监测机构监管办法等。为满足生态环境监测数据技术统一、标准一致的要求，需健全生态环境监测全要素、全指标、全过程监测评价标准与监测技术规范，实现生态环境监测数据采集、分析、传导、存储标准化以及监测结论科学化、规范化。建立不同监测部门生态环境监测标准协商、统筹机制，实现生态环境监测标准修订协调、反馈及时、绩效高效实用。

健全全国生态环境监测网络布局，并形成动态调整机制。做好现有生态环境监测基数站点、动态需求等影响生态环境监测布局因素的基础工作统计与摸底。构建形成宏观天地一体化生态环境监测网络以及环境要素齐全、标准科学、布局科学合理、功能齐备的日常环境质量监测点位，重点突出工业点源、农业面源、各种移动源、特征污染物为目标的污染源监测体系。

建立科学、统一的生态环境监测数据管理体制机制，推动生态环境监测产品研发与应用高质量发展。生态环境监测是对最终环境现状质量的量化呈现，数据的客观、实时、精准传输、应用、存储是监测的最终功效，为了保障监测数据的安全，建立原始数据第一时间、全面、无障碍直报传输制度，建立环境质量、污染源、生态状况监测多样化数据库，建立各级各类生态环境监测机构监测数据互联共享全国数据网，分步骤推进国家与地方、相关部门、政府与企业、政府与社会有效集成、互联互通。拓展环境监测数据种类，有效覆盖生态环境监测工作全领域、全链条、全产业，形成与经济社会发展相适应的监测技术、方法创新机制，搭建国家、省、市一体化生态环境监测科技创新服务平台，为生态环境监测数据资源数字化、信息化开发、应用、大数据互联分析提供保障。

健全生态环境监测一致发布机制，维护政府权威，数据科学、客观。建立生态环境监测信息统一公布、披露机制，依据现有经济发展条件、信息传输手段与常用平台特点、公众需求关切点，统一规范发布时间、内容、程序、数据种类、数据权限、获取方式等，持续提升政府权威性和生态环境监测数据公信力。信息公布要环境全要素覆盖、实现生态环境监测产品全方位、实现公众客观、及时了解监测数据；与时俱进不断创新方式方法，逐步拓展路径与领域，扩大公众参与；构建群众监督机制，积极主动公布监测数据，强化生态环境监测数据公开宣传与培训。

实施监测数据质量工程，保障监测数据等信息精准、细致、全面。监测技术规范、监测设备精准度提升与公众社会监督紧密结合。减少外界干扰与人为干预，科学规范监测行为，精准选择综合运用法律、法规、经济、技术、恰当行政手段。利用行业协会与行业间的紧密联系与行业号召力，实现行业环境保护自觉、自律，形成环境质量文化。坚持理念与手段创新，有机融合党内监督、行政监督、舆论监督、民主监督、政协监督、人大监督、司法监督、群众监督，从不同监督角度贯通网络化形成监督合力，形成全方位监督、共同监督、交互监督、实时监督、数字化监督、监督数字化。构建科学奖惩激励机制、持续改进机制，激发调动监测人员、监督人员监控数据质量关的积极性、自觉性、主动性、创新性和创造性。构建明晰的权责机制，数据有明确责任人，数据核实确认有责任人，建立环境违法违规严厉追责制度，实现制度刚性约束化与不可触碰红线化。

随着生态环监测市场化，强化市场监管，规范监测市场健康发展。科学监管监测职能，取缔片面个性化与局部需求职能，社会服务监测市场有序开放，持续扩大公益性环境监测政府购买范围。健全公众信息公布、反馈、举报制度，完善行政执法与刑事司法合法衔接机制，常态化进行环境监测质量“双随机”监督工作，对监测数据任何形式的弄虚作假高压严打。开展执纪问责、责任追究，公开违法企业、机构、个人信息，通过全国信用信息共享平台和国家企业信用信息公示系统实现联合惩罚，实现环境违法一切限制，保持高压震慑态势。

提升应急预警精准程度与反应速度，强化社会风险防范化解机制。不断提升环境质量常态化应急监测、高质量预报、精准预警能力。健全重点排污单位、区域污染物排放自动监测、异常自动报警机制，实时监控企业污染排放。强化生态保护红线各种形式的监管，对重要生态功能区生态破坏、人类污染，紧密监控、追踪，采取有效措施。公众热点话题、环境关切、敏感问题要正面回应，正面回答有关内容，积极推行化学品、持久性有机污染物、危险废物、新型特征污染物、持续变化污染物等环境健康危害因素监测制度，为生态环境风险防控和突发事件应急监测能力提升提供技术支持。

实施监测质量提升工程，实现现代监测能力向高质量发展。建立以刚性约束预算为核心内涵的新型监测项目管理体系，强化预算实施绩效管理与监督。健全“需求—规划—预算—执行—评估—监督”的预算管理路径，项目负责单位切实落实主体责任执行，构建预算编制与执行相互辅助、预算项目任务与下达预算步调协调的双运行机制，持续提升国家生态环境监测网络建设精准度、运行质量、实施效益。完善财政保障和动态调整机制以满足新时代生态环境监测体系与经济社会发展高质量发展需求，在不断提升中央财政专项资金转移支付力度的基础上，拓展生态环境补偿专项资金支持渠道，精准补贴特殊区域、地域、流域，实现监测能力与装备水平快速提升。

加快生态环境监测全过程人才队伍建设，实施新时代高质量监测人才战略工程。在充分聚集共识、聚集智慧、聚集力量、聚集人心、聚集信心的基础上，建立全国范围内最广泛的生态环境监测统一战线，为生态环境保护部门作为生态环境监测系统的指挥中枢与保障中心打下坚实基础。依据新时代生态环境监测整体需求，将不同功能的生态环境监测资源有机整合，成为充分发挥各自功能、协调一致、运转高效的生态环境监测共同体。突出加快中央生态环境监测综合管理、技术支持、监督检查体系建设，为深度实现“放管服”改革提供体制机制保障，实现对市场化生态环境监测力量的有效帮扶。提升国家智库、行业企业协会、重点企业、中小企业、高等院校、科研院所、民主党派、无党派人士、社会组织、民间团体等社会优势资源，在生态环境监测中所占话语比重。

培育新时代全能型、领军型、特殊型监测人才，实施人才支撑战略。科技、人才是全面建设新时代生态环境监测的基础性、战略性支撑。必须坚持科技是第一生产力、人才是第一资源、创新是第一动力，深入实施科教振兴生态环境监测战略、人才强化生态环境监测战略、创新驱动发展战略，开辟生态环境监测发展新领域、新赛道，不断塑造生态环境监测发展新动能、新优势。

深化对外开放，积极开展国际交流与合作。坚持对外开放的基本生态环境监测政策，坚定奉行互利共赢的生态环境监测开放战略，不断以中国生态环境监测新发展为世界环境保护、经济社会发展提供新机遇，推动建设开放型世界生态环境监测体制，更好惠及各国发展与人民生活。坚持生态环境保护、监测全球化正确方向，共同营造有利于发展的国际环境，共同培育生态环境保护、监测全球发展新动能。中国积极参与全球生态环境保护、监测治理体系改革和建设，坚持真正的生态环境保护、监测多边主义，推进国际生态环境保护、监测关系民主化，推动全球生态环境保护、监测治理朝着更加公正合理的方向发展。

6.3.2 突出应用实效，实现监测功能集约化发展[12-15]

生态环境监测网络在环境质量考核评价、环境风险防范、生态补偿、监管执法、公共服务等方面起到了数据支撑、风险预警、补偿效果、执法标准、服务生活等作用，日益凸显与实际生产生活的融合。

逐步实现环境空气质量评价精准、评价过程科学、评价结果符合实际需求，要优化、调整、细化生态环境监测网络，充分、全面、综合考虑达标要求情况、城市面积、城市功能划分、居民分布、生产生活方式等因素，在遵循科学分析数据、分类精准施策、与时俱进、持续优化原则基础上，优化设置城市空气质量实时监测站点数量、密度，使国家城市空气质量监测网络连接全国所有地级以上城市和重点新增国家级区域，使全国城市环境空气质量评价和排名更加真实、动态地反映实际的环境空气质量状况与变化趋势。针对城市环境空气质量区域化标准要求、区域功能的差异，在监测点设置范围、管理模式、质量监控、监测设备性能、数据分析处理等方面进行优化与严格控制，例如在京津冀及周边区域，在区县重点环境空气质量区域监测点要加密设置，站点运行与维护由当地开展，国家对于监测数据质量进行监控，严格控制 $PM_{2.5}$ 自动监测设备精准度与灵敏度，在重点城市开展重点监测项目手工监测数据对比。

构建地表水控制单元与功能单元功能、管理需求融合发展的地表水环境质量监测格局。依照科学监测与评价、权责分明、科技与实效融合的原则，对地表水环境质量监测国控断面有效整合、吸纳、新置，实现对十大流域干流及重要支流、重要水体省市分界、重要江河湖泊水功能区和地级及以上城市河流的有效覆盖与监控。通过数字、科技手段创新水样采集、分离、分析测试方法模式，利用产业数字化无人机、无人船等工具实现无人非接触样品采集，推进样品分析、数据生成、数据传输标准化、数字化、自动化。健全完善人工手动测试与自动化设备分析高效结合的地表水环境质量监测模式，持续提升自动监测数字化水质数据在水环境质量评价、考核中的应用范围与应用时效，实现水环境质量监测的高质量发展。

生态环境部门应与自然资源部门、农业农村部门充分会商协调，对土壤环境质量监测点位进行优化设置。优化设置标准要充分体现土壤环境本底指标、土壤环境现状、土壤环境变化趋势，多样化设置背景点、基础点、特定功能点等不同功能类型的监测点，以网格化方式覆盖我国领土范围内主要土地利用类型和土壤类型，形成长期、稳定、应急等监测机制。逐步实现满足实际需求、实际感受的监测点个性化、实用化、精准、科学设置。围绕土壤自然风险、土壤重污染企业、工业园区、环境敏感区等已发现或潜在污染的风险监管与控制，设置动态更新与实时监控的风险监控点位。有序将农用地土壤详查纳入土壤环境质量监测范畴，有效衔接、充分利用农用地土壤详查成果，在主要粮食主产区和地方特色农产品产地布设土壤风险监控点位，保障农产品安全。

6.3.3　强化污染防治精准化治理

把实现人民对美好环境要素质量向往作为环境监测建设发展的出发点和落脚点。深入开展大气污染物污染源形成机制监测，从移动源、集中式污染治理设施、生活源、农业源、工业源角度开展污染源监测。对废水污染物、废气污染物、工业固体废物、危险废物、化学品环境国际公约管控物质生产或存储设施、污染治理设施开展全国整体、区域、行业精准监测。通过现代科学技术赋能生态环境监测服务应用实效，综合应用传感器、地基雷达、车载走航、空基遥感、卫星遥感等多种技术手段，对重污染区域、城市、流域、污染物传输通道开展环境质量主要污染物、行业企业特征污染物水平热点监测和垂直柱浓度监测，增强污染物高浓度区域识别技术，提升污染物扩散、运输、沉降影响因素分析、确定能力。

6.3.4 生态环境监测要科学规范履行新增职能

对于新增环境监测职能，要依托现有生态环境监测基础设施，精准对接现有监测点位，在充分尊重自然规律、满足生产生活需求基础上制定生态环境监测规范。

依据应对气候变化带来的环境问题及工作需求，在温室气体多发区域的大气背景站、区域站、城市站添加温室气体监测指标，进一步融合现有中国气象局、自然资源部、科技部、中国科学院、生态环境部温室气体监测站点，形成区域、行业、环境变化温室气体浓度水平和变化趋势整体监测网，规范重点行业、企业温室气体排放量监测标准，有序推进火电、氟化工等高耗能、高污染行业排放量在线监测进程。

精准依托、充分衔接、统筹利用自然资源部、水利部等部门国家地下水监测工程现有监测站点，在地下水环境质量重点影响区域的居民聚集区、重要粮食产地等重要环境功能区优化设置国家地下水环境质量考核点位，建立涵盖三级水文地质分区、地级及以上城市的国家地下水环境质量监测网络平台。健全地下水环境质量测数据采集、传输、共享制度，实现数据在部门、区域、水控单元间的多层次、全方位互联共享。

在主要类型生态系统区域、城乡区域、生态保护红线区、重点生态功能区、生物多样性优先区、自然保护地等重要区域，通过升级新建、央地共建、资源共享等方式路径，设立生态综合观测站点，划设生态监测样地(带)，建立空、天、地立体数字化、信息化、智能化生态质量监测网络。

科学构建生态环境质量评价单元划分、生态环境质量评价的方法与标准，实现重点区域、流域、省域、市域、县域等多尺度、多层次生态质量监测与评估标准化。对标全方位监测生态环境，完善生态质量监测指标体系，深化空、天、地生态质量融合深度。突出生态质量提升实效在生态保护红线区、自然保护区、国家重点生态功能区预算增减、转移支付、绩效评价中的比重，落实生态质量评估结果的实际应用，探索黄河流域、长江流域、粤港澳大湾区、雄安新区等国家重大战略区生态质量排名激励机制[16]。

6.3.5　构建数字化与信息化融合的生态环境监测机制

依托国家生态环境监测大数据平台，实现生态环境监测大数据实验室的建设以及监测数据、信息的共享与开放，作为保障生态环境质量综合评估与深度研究科学性、实用性的关键核心条件，积极探索大数据组合重构方法、挖掘算法、分析知识、数据存储、运算环境以适应生态环境部门、机构、企业、社会公众对生态环境政策制定、科学研究、社会服务、项目规划咨询的需求，提高生态环境数据实际应用水平与支撑能力。

建立以委托、招标、联合、独立方式开展生态环境质量研究机制，构建由环境科学、信息技术、数据分析、社会调查等领域知名科研人员力量组成的研究队伍，依据社会需求、环境管理标准、产业发展趋势动态开展研究任务，提升生态监测科学性、可操作性、实际应用性及科研成果转化水平。

创新构建有生态文明建设目标、群众接受率高、体现群众切身体会、反映获得感强的生态环境质量表征指标体系和表征方式方法，研究编制服务指标体系的空气、地表水、海洋、土壤等监测与评价技术规范。形成环境质量变化与环境治理措施联动评价机制，首先在重点区域、重点流域开展以环境要素质量监测为导向的跟踪评价试点工作。对生态环境开展生态环境质量综合评价，设置综合反映经济发展、产业结构比重、污染排放总量、环境要素质量、资源环境容量、生态系统结构与功能、人群健康状况、区域人群真实感受的评价指标与方法，并在重点区域、流域进行了应用检验优化。

建立以生态环境监测数据为评价标准的激励和督促地方政府落实生态环境保护主体责任的机制，生态要素环境质量评价技术规范要服务于生态环境监测数据的采集、统计与换算，在城市、重点生态功能区推行环境质量实时排名与环境质量提升程度量化排名。落实生态环境监测信息统一发布机制，提高生态环境监测信息发布的权威性、一致性和公信力。提高公众参与生态环境监测的深度与广度，多样化信息交互形式，提升信息公布容量。

6.3.6 强化生态环境监测综合保障机制[17]

构建“考核-监测、考核-保障、执法-监测”一体化、权责明确的生态环境监测事务清单，建立统一的支出标准与责任主体。服务于国家整体生态环境质量评价、生态环境保护考核以及履行国际公约的生态环境监测属国家政府部门责权范围，服务于产业化生产环境管理、环境污染治理的生态环境基础数据监测归地方生态环境政府部门责权范围。依据“分区布局、总专分离”的理念，建立健全生态环境监测运行机制、充分优化资源配置，形成多部门常态化会商机制，实现海洋生态环境监测、流域生态环境监测、气候变化监测等生态环境监测责任主体机构全方位、实质性融入，形成新型多功能生态环境监测网络体系与支撑服务体系，发挥生态环境监测具有的引导、支撑、评价的应用作用。在目前建成的生态环境监测实体机构基础上，分区域、分流域、分产业形成质量监测控制、应急监测调度、预测报警、示范工程技术实训、演练基地，提升对国家重大、重点区域战略实施的监测支撑与保障的水平，形成功能多样化、全域覆盖、特点突出的生态环境监测。

通过互补短板、优势聚集、风险分担、利益均衡的产学研用新型协作机制，实现科学研究、技术创新、成果创收、创新应用人才培养的高质量、可持续发展。在功能有序衔接、服务产业化应用、推动生产生活进步的原则下，构建模式多元化的政企一体化合作模式，共同建立功能专一、应用多元化、成果共享共管的生态环境监测重点实验室、工程技术示范中心、产业化应用示范基地等科技创新与应用平台。充分利用太空监测、智能感应、超级计算、无人机、云计算、5G＋信息技术、人工智能等数字产业化技术，推动生态环境监测智能化、小型化、信息化、网格化监测设备的产业化、科学化、社会化应用。深入推行自动化识别、自动化取证、大数据综合分析等产业数字化技术在生态环境监测执法、监管、督查等领域的应用。依据国家重大战略需求、经济社会发展战略、生态环境监测功能需求，国家制定公布生态环境监测重大仪器装备研发清单，划定研发重点，明确研发时限。实现国家在应急监测装备、自动化采样设备、样品全自动前处理装置、高精度快速检测分析设备、实时监测控制设备核心功能元器件、高端装备核心技术等重点突破，加速推进生态环境监测重大技术装备示范应用，在实际应用中不断优化设备性能，推进生态环境监测装备精准化、快捷化、便携化、安全化、智能化、国产自主化发展。探索生态环境监测市场化发展路径，重点面向生态环境精细化治理需求、生态环境监测高端咨询、生态环境监测体系区域化设计等市场，实现服务定制化、智能化，助力碳中和、碳达峰、精准科学防污治污。

加大中央财政资金支持生态环境监测能力建设力度，提升支撑生态环境监测项目实际应用效率。重点突出大气颗粒物组分监测和光化学监测、土壤环境监测监管、重点河流湖泊水生态环境监测监管、VOCs 监测监控、重要饮用水水源地监测监管、地下水环境监测等要素监测能力建设，依据中央专项治污资金支持范围与资金绩效管理要求，各生态环境监测主体申报符合要求的建设项目，争取被中央生态环境资金项目储备库吸纳，实现中央财政资金支持。

6.4　生态环境治理建设发展路径

生态环境治理要敬畏自然、适应自然、护佑自然，是新时代经济社会发展、建设社会主义现代化国家的内在要求，务必坚决形成和践行“绿水青山就是金山银山”的理念，从自然界生态环境和谐发展的高度构建生态环境治理新格局。生态环境治理发展需要人与自然和谐发展理念、高效实用节能治理技术、精准具体治理措施的支撑。

不断深化持续推进美丽生态环境建设，坚持生态环境要素山水林田湖草沙整体化系统保护与治理，通过产业结构优化升级、治污工艺深度优化、提升产业产品标准、营造生态环境治理文化氛围，协同推进降碳、治污、增绿。

6.4.1　生态环境治理理念[18-23]

尊重自然、顺应自然、保护自然，从过度干预、过度利用向自然修复、休养生息转变，建立严格的生态环境预防保护和监管制度，守住自然生态安全边界，提升生态系统质量和稳定性。

坚持以人民感受为中心的生态环境治理发展思想。着力解决生态环境治理领域人民最关心、最直接、最现实的利益问题，充分发挥生态环境的生态效益、经济效益、社会效益，不断增强人民群众的获得感、幸福感、安全感。

坚持山水林田湖草沙一体化保护和系统治理。从生态系统整体性和区域、地域、流域系统性出发，遵循自然规律和客观规律，统筹推进山水林田湖草沙综合治理、系统治理、源头治理，因地制宜、科学施策，坚持不懈、久久为功。

坚持政府和市场两手发力，充分发挥市场在资源配置中的决定性作用，更好地发挥政府作用，深化生态环境治理体制机制创新，加强改革举措系统集成、精准施策，进一步增强发展动力和活力。

6.4.2 生态环境治理技术

牢固树立和践行“绿水青山就是金山银山”理念，生态环境治理技术的本质是对大气、水、地貌、地形、生物（动物、植物）、海洋等生态环境构成要素的尊重，也就是生态环境生态化治理。生态环境构成要素之间以水环境为联系纽带，各要素相互影响，生态环境治理的核心动力是实现自然水体的自净化能力，土壤、大气、植物、微生物、降水是主要动力。土壤、大气、植物、微生物科学搭配构成合理的生态系统，协同构成降解污染物历程单元，降水则为降解历程提供必要有力支撑。

生态环境治理技术需要科学理念的支撑、生态协同技术、系统化运营模式。生态环境治理技术发展过程中自然界的绿水青山、环境要素的生态文明构建、美丽城市吸纳容纳能力都蕴含生态学意义。其内涵集中于三个方面：生态要素循环吸纳物质承载能力、生态要素循环关系、生态要素治污可持续性。生态要素循环吸纳物质承载能力是指客观事物发展过程中保持的极限程度，也就是生态要素构成的生态环境承受容量。各种组合形式的生态系统都是复合的、相互影响、互联互通的，生态系统组成要素间的关系即生态要素循环关系。理顺各要素间的复杂生态关系，以促进各要素发展为目标处理生态系统循环过程中实际问题，实现生态系统各要素可持续发展。

山水林田湖草沙是存在相互关系的生命共同体，需要一体化保护与系统过程化治理，人类根基在农田、农田根基在水源、水源命脉在山脉、山脉根基在土壤、土壤根基在森林、森林的根基在草原、草原是治沙根基，山水林田湖草沙之间是互相依存的生态依存、繁衍关系、空间构成关系、自然逻辑关系、依存尺度关系等。不同生态要素的集中区域空间分布构成不同的景观，对各种类型景观进行生态学分析，可以更加直观地理解它们之间的生态关系的客观存在。生态环境治理可持续是在精准考虑生态环境要素环境承载能力的基础上，切合科学规律与解决实际问题地处理生态关系，可持续发展是观念也是一种生态目标。因此，生态环境治理技术智能化、数字化、高效化进程中，在处理生态容纳能力与把控生态关系的同时，实现生态环境可持续发展的生态治理技术尤为关键。

6.4.3 生态环境治理措施

6.4.3.1 生态环境治理体系

为牢固树立扎实践行“绿水青山就是金山银山”的理念，务必要将理念内涵要义落实为符合实际的政策与制度，实现生态环境治理生根发芽出实效。生态环境治理体系全面、系统化发展的内涵是生态环境治理体系规范化、法治化。作为生态环境领域国家治理体系的一部分，生态环境治理体系是指一系列内在联系紧密、协调衔接的环境保护制度的有机整体，是党全面领导、整体全面覆盖、运行高效的生态环境治理监督体系。

（1）健全完善生态环境监管制度与体系[24]

第一，根源、源头的生态环境保护管理制度需要进一步建立健全，主要包括自然资源资产产权制度和用途管制制度两大类。健全的国家自然资源资产管理制度有利于实现自然资源利用的高质量发展。

第二，建立生态产品价值实现机制，完善生态保护补偿制度。进一步健全过程性生态环境补偿机制，重点使用对等付出、平衡补偿生态、等价赔偿受损生态环境。有偿使用自然资源机制要充分体现市场供需变化、资源稀缺重要程度、生态价值。健全生态补偿制度是丰富人与自然和谐的环境治理体系、恢复生态环境的有效路径。利用自然资源要遵循谁利用谁付出原则，进一步强化资源价值的认知程度，提升资源自我节约意识，更有利于资源节约型社会的建设。

第三，进一步深入推进以提升生态环境高质量末端修复为本质的生态修复。生态修复以生态环境要素自然恢复为核心，辅助利用人工技术、工程、方法，实现生态环境系统原始面貌的恢复与可持续发展。

第四，建立健全生态环境资源红线划定制度。以生态环境资源承载能力为标准，确定生态红线、资源开发上限、人口数量控制上限、经济社会开发利用边界线。生态环境资源红线划定，要与发展方式绿色转型、深入推进环境污染防治、提升生态系统多样性与稳定可持续性、推进碳达峰碳中和有机衔接与融合，成为生态环境保护示范性、引领性、规范性手段与重要制度举措。

第五，深入推进中央生态环境保护督察制度。中央生态环境保护督察制度是新时代重大制度创新之一，为深入、全面、彻底落实习近平生态文明思想，深入推进实现生态环境保护历史性、转折性、全局性根本变化，取得生态环境高质量发展显著成效，提供坚实制度保障。中央生态环境保护督察主要工作核心是突出生态环境问题的解决、生态环境质量的提升、实现高质量发展，层层压实生态环境治理与保护政治担当、强化督察问责、震慑警示、落实机制、推进工作、达到标本同治，实现问题解决、多方支持、百姓满意的效果。

建立健全中央生态环境保护督察工作机制，有利于扎实落实生态环境保护主体责任制、健全两道目标责任考核制度、落实生态环境保护监督执纪制度。中共中央、国务院印发的《中央生态环境保护督察工作规定》《中央生态环境保护督察整改工作办法》为中央生态环境保护督察工作的开展提供了强有力抓手与工作遵循，有效提升落实新时代习近平生态文明思想的思想自觉、政治自觉、行动自觉。

（2）健全生态环境治理政策依托体系[25]

生态环境治理发展进程的不断推进，离不开规范、稳定、科学、长效的产业、经济等配套支撑政策体系。

第一，生态环境治理需要政策、技术、装备、资金、产业等多方面支撑，生态环境治理的根本就是发展方式根本变革，绿色发展成为生态环境治理的关键。实现绿色发展的根本转变需要财政、税收、金融等政策支持。政府在推进绿色发展方面要积极作为、精准作为、有效作为，为绿色升级改造、开展绿色生产、产出绿色产品的产业、企业提供财政资金支持并实施价格优惠政策。政府要充分利用税收政策，完善环境税保护的资源范围，制定以稀缺程度为根本依据的阶梯税率，越稀缺资源税率越高，实现税收机制对生态环境保护的实效。

第二，完善支持绿色发展的财税、金融、投资、价格政策和标准体系，发展绿色低碳产业，健全资源环境要素市场化配置体系。通过绿色信贷、债券等金融手段，创新绿色金融投资，以银行、金融服务机构为基础开展多元化社会融资，实现金融融资功能最大化，补齐政府在生态环境治理方面的财政支出短板。通过金融投资重心的调整，有效降低交通、能源等领域的过剩产能，降低生态环境污染物的排放，解决生态环境污染问题。发展绿色金融成为金融投资的新方向，重点围绕决策、项目开展绿色化金融，建立基于项目长期、潜在生态环境影响为标准的绿色金融项目评定机制，形成有利于资源利用、降低环境影响的投资决策。合理吸纳社会资本有序进入绿色金融投资体系，强化社会资本运行监管，确保社会资本的绿色投资方向，精准为绿色产业提供资金支撑，实现企业绿色生产，夯实产业绿色发展基础。

第三，完善以节能环保、清洁能源、清洁生产为核心的绿色产业体系，是高质量绿色发展的选择，是生态环境治理能力持续提升的内在要求。绿色循环低碳是构建绿色产业体系的具体路径。工艺、技术对生态环境无毒害，能源和材料消耗低，产出绿色产品是绿色产业突出的特点。绿色产业更突出强化生产、流通、交换、消费全环节的清洁化、绿色化，经济效益与能源消耗比最大化，推动经济社会可持续发展。现有产业绿色化就是要对生产技术进行升级改造，实现生产过程的清洁、绿色化，改变高污染、高能耗的产业发展模式，降低污染物排放量。

（3）完善生态环境保护法治体系[19]

生态环境保护要坚定依靠制度、机制、法治，必须进一步全面发挥法治固根本、稳预期、利长远的保障作用，在法治轨道上全面进行生态环境保护。牢固树立和践行法治理念，健全法律体系，利用法治的方式谋划生态文明建设，通过最严格、最严密的制度与法治保障生态环境治理。第一，创新立法理念与原则。将“绿水青山就是金山银山”的理念有机融入生态环境立法过程，建设与污染物变化相协调一致的污染物排放管制制度，提升生态环境治理制度的协调统一性，构建生态环境治理协调发展的法治机制。第二，不断深化生态环境治理司法体制综合改革，全面、彻底、精准落实生态环境治理司法责任制，加紧构建公正、高效、权威的生态环境治理司法制度，在生态环境治理实际司法案件中让人民真实感受到公平正义。第三，切实提升各级政府生态环境治理执法实效，明确各自具体职责，深入推进中央生态环境保护督察制度建设。

（4）建立生态环境治理社会参与机制[20]

加快构建生态环境治理社会参与机制，是生态环境治理的重要形式。建立生态环境治理社会参与机制主要包括生态环境保护治理文化普及、生态环境治理信息公开制度、强化公众对环境信息公开和环境影响评价等方面的监督功能、提升社会组织与公众参与生态环境保护治理程度、持续提升全社会生态环境保护意识。

第一，提升生态环境治理“软实力”，构建生态环境治理文化。构建生态环境治理文化，核心是在全社会树立生态价值观，强化公众生态环境保护素养。要站在人与自然和谐共生的出发点，和谐处理人类社会与生态环境的自然关系，牢固树立和践行“绿水青山就是金山银山”理念。围绕人与人的社会关系，形成“保护生态环境、担当生态责任”的文化氛围，提升全社会生态责任感，增强公众参与生态环境治理的实效，提高社会公众参与生态环境治理的积极性。

第二，健全生态环境治理信息公开制度。信息公开是社会公众、组织参与生态环境治理的前提与参与基础，是对社会公众、组织行使知情权与监督权的基本保障，同时也是有效提升公众参与生态环境治理积极性的重要方式。首先，要确定公开的生态环境治理信息范围。生态环境治理信息按照行为主体不同分为政府决策层面与产生环境影响主体层面，政府决策层面信息公开的重点是制定和实施生态环境治理政策的过程性与结果性信息资料，产生环境影响主体层面信息公开主要是指产生环境影响的企业、行业、事业单位对自身生产、活动过程中产生环境影响进行治理信息的详细记录与分析。其次，建立健全生态环境治理信息新闻发布机制。全面、充分、多角度利用网络、广播电视、报纸期刊、移动客户端、官方网站，最大限度发挥各类媒体的传播力、社会影响力，构建独立的信息报道栏目，专门聚焦突出的生态环境治理信息，第一时间对有关生态环境问题、生态环境治理等信息进行报道披露，利用社会力量监督生态环境治理各主体自觉遵守法律法规，提升生态环境治理管理部门监管效率。再次，扩大公众对于生态环境治理知情权范围。主动、及时、全面公开与公众切身利益紧密相关的生产建设项目信息，使公众能够真实、明确了解项目对于生态环境的影响程度。提升公众参与生态环境治理的能动性、积极性。另外还需要行业重点排放污染物的企业、单位依法公开真实的污染物排放信息，同时接受公众感受以及社会舆论的监督。最后，要高效落实污染物排放责任主体的生态环境治理责任，在生态环境法规、政策技术引导的基础上构建生态环境治理长效奖惩、激励机制，实现污染物排放主体自觉守法、自律规范环境行为、落实资金投入以及物质保障、自觉采取有效生态环境保护措施、构建完善精准的应急处置措施。

第三，完善公众与社会组织参与生态环境治理机制。主要包括民主决策机制、积极引导践行机制、激励机制、公众监督机制、举报反馈机制、保护合法权益机制。其中，民主决策机制、激励机制可以充分调动公众与社会组织深入参与生态环境治理的兴趣与积极性；积极引导践行机制可以使社会公众牢固树立和践行绿色生活方式，从根本源头实现长效生态环境治理；公众监督机制可实现全社会、全方位对生态环境治理的监督；举报反馈机制、保护合法权益机制可以保障社会公众等监督主体能够将生态环境治理监督信息有效反馈并得到高质量落实，实现生态环境治理全社会、全过程、全员贡献力量。

6.4.3.2　生态环境治理能力发展路径

生态环境治理能力包括生态环境治理主体自身对于生态环境要素间相互关系理解以及生态环境要素治理理念理解、贯彻、执行的措施方法，同时也包括通过生态环境治理制度措施、功能解决实际情况具体问题的能力。生态环境治理能力现阶段发展的主要特征体现在生态环境治理科学化、高效化、智慧化。生态环境治理能力不断提升就是要在人与自然和谐的生态环境治理理念引领下，构建生态环境保障体系，解决实际环境问题，满足人民生态环境产品需求，提升生态环境承受能力，实现生态环境自然和谐。

（1）推动生态环境治理高质量发展[26]

深入贯彻党的二十大精神，全面、彻底贯彻习近平生态文明思想，全面、精准、完整贯彻新发展理念，加快构建生态环境治理新发展格局，坚决落实节约优先、系统治理、空间协调、两手发力的生态环境治理构思，牢固树立和践行“绿水青山就是金山银山”的理念，以推动高质量发展为生态环境治理主题，以体制改革机制创新为切入点，构建党委领导、政府负责、部门协同、全社会共同参与的生态环境治理工作格局，全面提升生态环境各要素功能和各要素生态产品供给能力，充分发挥生态环境有力保障与支撑作用，促进人与自然和谐共生。

（2）强化生态环境治理源头预防保护[27]

生态环境治理要有系统化思维，突出从生态环境根源预防控制。依据国家国土资源空间利用规划以及开发用途管理监控要求，构建生态环境要素保持、发展空间规划管控机制，落实精准识别、具体问题具体分析的一项目一对策生态环境治理措施。水土保持生态功能重要区域和水土流失敏感脆弱区域划入生态保护红线，最大限度减少人类生产、生活等活动对自然要素、生态空间的占用。制定相关规划过程中，对于基础设施建设、矿产资源开发、城镇建设、公共服务设施建设等内容，在建设过程中存在环境影响的全部环节，应提出高效、针对性强的生态环境治理措施与对策。

加强生态环境治理重点区域预防保护。围绕江河源头区、重要水源地、水蚀风蚀交错区等区域整体、全面、彻底实施生态环境治理预防保护，协调统一布局、扎实实施生态系统保护和修复重大工程，深入推进国家重点生态功能区、生态保护红线、自然保护地等区域一体化、系统化生态保护和修复。针对不具备生态环境治理条件、不宜修复的高寒高海拔冻融侵蚀、原始生态环境源头、集中连片沙化土地风力侵蚀等区域，采取全面、整体、系统封育保护。

强化、丰富生态系统生态功能。以稳定提升山体、水域、森林、农田、湖泊、沙漠、草原生态系统质量和稳定性为生态环境治理重点，禁止违法违规开发建设。加强天然林和草原功能保护与修复，精准落实草原禁牧、轮牧、休牧以及草畜动态平衡制度机制，系统化发挥、利用山水林田湖草沙生态治理功能。以农田生态系统保护与修复为核心，科学健全耕地轮种休耕制度，加强耕地质量与生态产品能力提升，全方位推行高标准农田建设工程，健全农田排灌体系功能，科学构建高效农田防护林植草体系，提升水源涵养、土壤保持、面源污染净化能力。进一步强化城市人口聚集区域，山体、山林、水体、湿地功能保护，还原山水林田湖草的生态原真性和系统性。

（3）进一步健全对人类生产生活破坏生态环境监管制度[28]

精准完善生态环境治理监管制度与监管标准。因地制宜地制定生态环境治理方案，依法落实生态环境治理方案，强化生态环境治理全过程、全环节、全链条监管制度。针对不同行业、不同产业、不同区域特点，确定差异化监管要求，精准分层次监管。完善生产建设活动、日常生活生态环境治理标准，对落实标准进行严格监管。进一步优化生态环境治理工程审批服务，达到规范化、便捷化、标准化，进一步培育、激发生态环境治理市场主体积极性与活力。

创新健全生态环境治理监管方式路径。构建空间立体感知监管为常态、重点区域监管为补充、行业企业自我信誉监管为基础的全方位创新监管机制。全域覆盖、日常化开展环境治理监管，全要素监控、快速发现、精准识别生态环境影响具体境况，依法高效查处生态环境违法违规行为。提升造成环境影响行为的惩治时效与力度，针对形成环境损害的责任主体，依法从严快速追究生态环境损害赔偿责任。落实生态环境治理信用评价制度。广泛推广“互联网＋监管”，推行源于企事业单位自我监控的远程视频无线传输的生态环境治理质量文化。强化生产生活生态环境影响风险预警，提升生态环境治理精准化、科学化、智能化程度。

强化生态环境治理协同监管。健全完善生态环境治理监管信息共享、生态环境影响线索互通、生态环境影响通报移送等机制。发挥司法监督保障功能，强化生态环境治理行政执法、公益诉讼、刑事司法相互衔接与协作。完善纪检监察机构与生态环境治理沟通机制，对于党员干部、公职人员、企事业单位人员生态环境治理违法相关线索依据完整、及时移送纪检监察机关，开展进一步深入调查处理。构建多元化快捷畅通公众监督举报途径，最大限度发挥社会公众监督功效。不断提升生态环境治理专业化装备水平，以及应用领先科技能力，建立必要的生态环境治理经费保障机制。

强化生态环境影响主体责任落实。生产建设单位应有效落实生态环境治理责任，严格履行生态环境治理“三同时”（生态环境治理设施与生产主体工程同时设计、同时施工、同时投入运行）要求。全面实施绿色设计、绿色工艺、绿色施工，禁止占用耕地，禁止扰动地表状态的活动，严禁私采滥挖、违规堆弃，落实施工土地表土生态资源保护、废弃物减量、循环综合利用机制，将生态环境影响降到现有条件下最低限度。

（4）加快推进自然因素破坏生态环境重点治理[29]

精准识别区域流域生态系统组成要素，提升区域生态环境综合治理质量与实效。生产生活生态高效统筹，在江河上中游、南水北调水源区、三峡库区、西南岩溶区、东北黑土区域、青藏高原冻土区域等生态重点区域开展区域生态环境系统化治理。区域生态环境系统化治理要纳入区域经济社会发展与乡村振兴规划，以区域生态体系为单元，协调统筹推进村乡、县区域一体化治理。突出绿水青山、民富村美的治理目标，以水域、农田、村落、城镇区域为重点，统筹推进生态和谐、环境清洁流域建设，将流域生态环境治理、乡村产业综合生产能力、区域特色产业壮大、城市农村人居环境改善等系统化结合，实现生态环境产品提质增量。

推进丘陵、高原等高海拔地势起伏陡峭区域生态环境治理。聚焦坡耕地水土流失治理、粮食生产安全、高标准耕地建设、梯级耕地面源污染防治，以粮食生产功能区、生态产品保护区、农产品生产保护区为重点，高标准高质量实施生态环境治理工程。在长江中下游生态环境治理中，要以坡耕地水土流失治理为重点，依据实际地形地貌健全田间道路，构建坡面水系配套措施，改善耕地质量，提升生产效益。在黄土高原旱作耕地，推行旱作梯田建设，强化雨水积蓄设施建设与利用，实现旱作农业生态环境高质量发展。提升东北黑土坡耕地、侵蚀沟水土流失治理效果，落实保护性耕作制度，提升农田建设标准，保护利用好黑土生态环境资源。

（5）强化生态环境治理管理能力，提升生态环境治理质量

健全生态环境治理规划体系。高质量落实国家生态环境治理规划，因地制宜制定重要流域、区域、地域生态环境治理规划，推进产业链上下游、不同产业间协同治理，强化实施后跟踪检测评估机制。

构建生态环境治理工程建管监机制。优化创新生态环境治理工程组织实施方式与路径，提升审批程序效率。构建并推行以工代赈、以奖代补等高效

建设模式，优化地方基层组织、承建施工者、土地使用者、承包经营者间相互关系，充分发挥其主体作用，积极引导社会资本与治理区公众参与工程建设、运行全过程。健全生态环境治理成效保障、管护制度，依照“谁使用、谁管护”和“谁受益、谁负责”的原则，明确责任主体，落实生态环境治理工程运营投入与收益分摊机制。

完善生态环境治理监测评价机制。制定以生态环境要素为主要评价指标的生态环境治理质量标准，构建以监测站点监测为基础、常态化动态监测为主、定期调查为补充的生态环境治理监测体系，搭建全国和重点区域生态环境治理模型，完善生态环境治理监测评价和预警机制，充分发挥生态环境治理监测在生态系统保护实效评估中的重要作用。优化生态环境监测站点布局，完善运行机制，常态化开展年度全国生态环境动态监测，实时定量获得全国各行政区域、重点流域、区域生态环境状况和治理成效。统一生态环境监测设备计量标准化，确保监测数据的质量水平，实现生态环境监测数据的客观性、真实性。

健全生态环境治理科技创新体系。坚持科技创新在生态环境治理过程中的全局性核心地位，优化配置创新资源，持续创新技术手段推进云计算、5G＋、大数据、立体空间感知、人群真实感知技术深度融合生态环境治理。围绕生态环境规律与机制、生态环境各要素间关系、生态环境碳汇能力等，加强基础研究和关键技术攻关。优化国家生态环境治理研究机构、高水平生态环境治理研究实验室、科技领军生态环境治理企业、野外科学观测研究站的定位和布局，形成国家生态环境治理实验室体系，统筹推进国际生态环境创新中心、区域生态环境创新中心建设，加强生态环境科技基础能力建设，强化生态环境科技战略咨询，提升国家生态环境创新体系整体效能。

（6）优化生态环境治理保障措施

精准细化生态环境治理组织领导体系。践行和强化党对生态环境治理工作的全面领导，构建中央整体统筹协调、省级组织全面负责、基层组织（市县乡）精准高效落实的工作体制机制。通过加强制度建设、组织建设、队伍建设，进一步提升各级党委、政府担负生态环境治理责任的水平与能力，确定清晰明确的思路与措施，解决生态环境治理中的实际问题，落实国家重要决策部署。

健全统筹协调机制。构建生态环境治理部级协调机制，突出协调配合实效，形成生态环境治理工作合力。生态环境部要切实履行主管部门职责，充分发挥好组织、统筹、协调作用，强化流域管理机构标准化，统一规划、统一治理、统一管理，加强跨区域生态环境治理联防联控联治。强化政策支持协同，自然资源、生态环境、农业农村、林业草原、发展改革、财政等部门依照职责做好分管工作，突出重点任务的推动落实，做好监督督察工作。

增强资金投入保障。中央财政、地方各级政府要多元化、多渠道筹措资金，确保生态环境治理资金保障。通过产权激励、金融扶持等政策，积极引导社会资本、集体农民合作社、新型合作农场等符合条件的新型农业经营主体开展农业农村生态环境治理。如果生态环境治理区域具备一定规模同时达到预期目标，生态环境治理实施主体可以在法律法规许可的情况下获得部分份额的自然资源资产使用权，从事生态环境治理产业开发利用。对于生态环境治理后形成的长期稳定利用的耕地，用于耕地占补平衡资源。建立健全生态环境治理生态产品价值实现机制，积极探索将生态环境治理汇碳纳入碳达峰、碳中和科学化路径。

强化生态环境治理意识的培养。采用多途径、多方式开展生态环境治理宣传工作，增加生态环境治理法律法规和相关制度的普及程度。把生态环境治理有机融入国民教育体系和党政领导干部培训体系，通过示范、警示项目案例，积极引导社会增强生态环境治理意识。

(7) 创新生态环境治理工艺设备与生产技术

创新绿色技术破解生态环境治理难题。科技创新支撑绿色发展，科技创新推进天蓝、地绿、水清的美丽中国建设深入开展。从生态环境本质看，满足生态文明内在要求，实现绿色发展的科技创新，核心内涵是创新绿色技术。创新绿色技术要从理念、设计、研发、产业化生产等全环节、全要素体现绿色发展的质量标准，将资源高效循环利用，实现生态环境要素持续支撑发展。通过科技创新，开发创新绿色技术，在产业化生产过程中广泛推广应用，实现资源高利用效率，提高废弃物再循环利用能力，降低资源浪费，减少废弃物排放，实现生态环境治理。绿色技术是生态环境治理的基础，具有节省资源、环境影响低、保护生态环境要素功能的特点。创新绿色技术实现利用资源节约的路径，从根源上解决生态环境实际问题，进一步助力生态环境治理创新发展、绿色发展、高效发展。创新绿色技术是生产方式转变的基础，推动了产业化过程中绿色发展难题的最终破解，践行“源头治理”的理念，实现真正的源头生态环境治理。

构建市场需求导向和生态环境实际问题导向的生态环境治理绿色技术创新体系，利用市场需求、实际问题驱动机制倒逼生态环境治理创新发展进程的实现。“加快发展方式绿色转型，实施全面节约战略，发展绿色低碳产业”是党的二十大报告中明确提出的要求。发展方式绿色转型就是要生产出不污染环境、不危害人体健康的绿色产品，市场需求对于生产资源、生产工艺具有不可更替的调节作用，实现资源自发配置与工艺的自我更新，直接影响产业化生产活动。产业化生产必须围绕市场的需求变化开展工艺技术创新、规模化生产，赋予产品稀缺性，占据市场竞争优势。市场也是对绿色技术创新效果最有效的检验路径，绿色技术越切合市场需求，绿色技术被产业化生产主体采购的程度越高，更广泛地应用于生产一线，实现绿色技术创新价值，进一步刺激技术研发主体开展绿色技术创新的积极性。同样，生态环境实际问题也为产业化生产画出明确生态环境要素的承受红线，为产业化生产与技术创新提出了环境质量标准。

（8）提高生态环境治理科学化与实效质量[30]

生态环境治理创新发展，需要权威高效的生态环境监测体系与空天地系统化生态环境监测网络，对生态环境质量精准地监测、预警、质控。首先完善生态环境治理法律法规，强化农产品、工业产品等产品生产环境的管理，完善产品生产全过程环境监测网络，切断污染物进入城市生态系统、农业生态系统的链条。农业产品产地、工业产品工艺环境监测网络是生态环境治理信息化建设的重点内容，依托大数据、5G＋数字化通信技术、航空航天技术等促进生态环境污染源头监控、生态环境质量监测、生态环境公众监督举报、生态环境治理工程一站式审批平台等生态环境治理体系的构建，维护生态环境安全，全面提升生态环境治理水平。党的二十大报告中强调“加快建设网络强国、数字中国”，生态环境治理信息化网络共享平台是其中的关键组成，科技是第一生产力，创新是第一动力，依靠科技进步与技术创新，强化生态环境治理科研和综合分析能力，加强生态环境治理先进装备与系统的应用，提升生态环境治理系统化、数字化水平，助力生态环境治理高质量发展。

（9）推动生态环境治理科学化与智慧化[31]

生态环境要素数据资源是生态环境治理的基础性、根本性资源，数字化技术推动数据资源共享程度不断提升，同时也推动生态环境治理方式与体系的变革。数字化技术对生态环境治理体系建设发展的助力赋能聚焦于：生态环境治理多主体系统化共治、生态环境治理决策落实智能化高效化转型、夯实生态环境治理物质基础、营造良好生态环境治理人文环境。生态环境治理没有科学的治理技术作为基础，就无法完整、准确、全面治理不断出现的生态环境问题。

要坚持推动生态环境治理高质量发展，着力提高生态环境治理全环节效率，着力提升生态环境治理产业链、供应链韧性和安全水平，着力推进不同产业和不同区域生态环境治理协调发展，推动生态环境质量实现质的有效提升和生态产品量的合理增长。

大数据技术作为数据挖掘和智慧应用的前沿技术，与科学技术深度融合。利用环境要素监测大数据分析手段开展生态环境治理，是推动生态环境治理体系高质量发展的重要路径。利用全球环境要素变化综合监测、大数据、云计算等手段，深度开展生态环境治理基础研究。

生态环境大数据分析有助于推动生态环境治理水平提升，提升顶层设计的科学性与决策的精准性，为生态环境治理精细化管理夯实基础。生态环境大数据核心在于环境要素监测数据的真实与可靠，需要多部门、多地区相互配合，利用科学有效的监测数据，提高生态环境治理的效率。

利用生态环境要素大数据有效性分析结果，在生态环境治理目标确定阶段，精准模拟目标地域的环境要素，制定阶段性、区域性个性目标，保证生态环境治理的切实可操作性；在分析生态环境问题阶段，通过分析环境要素指标监控大数据，全面了解环境质量、污染物排放的动态变化规律与过程，可以精准辨别生态环境污染物形成机制，判定环境污染物的根源，加强生态环境治理实效应用；在生态环境治理方案实施阶段，依靠真实海量生态环境要素数据，提出精准解决生态环境问题的措施，具体量化治理方法与路径，建立工程化数据模型，形成有效治理方案与治理成效间的桥梁与纽带，高效、高质量解决生态环境问题。

6.4.4 示范工程实例

（1）生态环境治理与绿色可持续发展生态技术示范区

河北衡水航空生态小镇坐落于衡水桃城区河沿镇，与衡水湖国家级自然保护区毗邻，规划占地20平方公里，在产业方面形成了航空小镇、航空机场、五项产业链，构建依托航空飞行营地、航空器材展示与维护、航空器博物馆、航空-衡水湖旅游休闲的整体产业格局。

该项目整体结构布局以衡水湖为重要生态源地，以林地、草地、湿地为生态斑块，围绕水系、道路等元素构建线性生态廊道、旅游休闲走廊，形成区域网络化生态基础要素设施与发展开放空间构架。依据大格局、天地一体化格局进行生态蓝网与绿网的规划设计，突出稳固水、田、林、湖、草等生态本底元素，在保障生态安全的基础上，增加生态斑块面积，形成衡水湖湿地“海绵核心生态动力”。

水：依托衡水湖、滏阳河，水系提升的目标是水质持续提升、水体自我净化系统的构建及高效运转，主要生态治理理念与生态技术包括：建设城乡一体化、全方位、无死角污水管网，在河道内构建人造湿地，增加水系内坑塘，提升面流面积，丰富完善植被系统，完善水系生态系统内自身净化能力。建造天然生态缓冲堤防形成多级防护体系，形成林地、草地、湿地生态防线，有效降低污染物随地表径流直接进入河道等水体的概率，形成天然控制体系，同时地表径流流域面积大幅度提升，提高生态环境水循环效率，形成对水体堤岸与床底的有效保护。有效利用水体天然落差构建多级跌水堰，在地势平缓流域水体中依据流域面积与水质标准合理设置人工扬水曝气装置，保障水体含氧量与水体污染物降解需求平衡，最大限度降解污染物，避免水体富营养化。依托本地生物群落，利用微生物孵化系统搭建生物生态修复体系，实现本土物种高质量迅速繁殖生长，形成多样化、丰富的本土生物群落，提升自然环境自我净化的质量与能力。依托水体自然特征、水体河道景观需求，建造以挺水植物、浮水植物及沉水植物为主体的多样化、系统性湿地植被系统，形成天然自我控制与调节的生物种群，实现水体水质提升净化，湿地功能自我完善与强化，大幅度提升水体自然景观艺术价值，如图6-2所示。

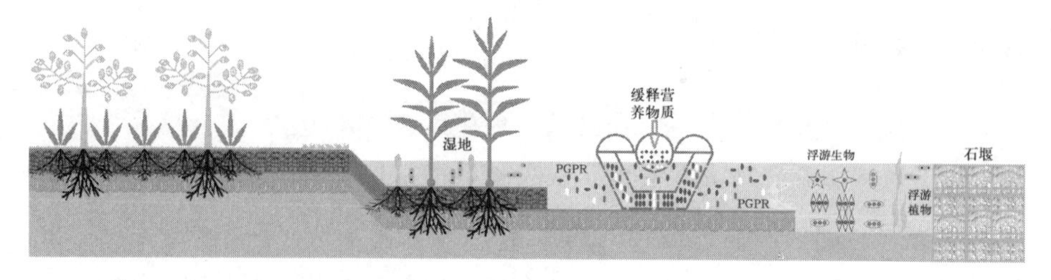

图 6-2　天然生态缓冲堤防立体净化示意图

林：有效保护现有林地面积与林地生物量，在有关建设项目规划设计中以森林、绿地、绿廊和绿带覆盖率为核心，依托自然环境、地形地貌构建涵盖自然森林公园、城市滨湖公园、城市水岸绿地公园、城市湿地公园、道路绿化条带、社区公共绿地的多样化绿色廊道体系，形成树种、自然群落、鸟类和野生动物的自然森林生态体系，有效提升生物多样性与本土生物基因库。

田：农田生态系统是最初的主要生态本底，由于农业生产自身会产生季节性面源污染，为从根源上消除面源污染，可利用自然界生物食物链相互关联生物技术，并采取生物防治措施，全面、彻底取代农药、杀虫剂、除草剂等环境影响巨大的化学物质，全域提升生态有机肥料、酵素发酵肥料在农田生态系统中的使用面积，强化农田生态系统防护林带建设，在农田生态系统边界建立生态草地沟渠、生态草地、生态草桩等污染物迟滞缓冲地带，提升污染物沉淀、拦截、过滤效率。

湖：周边区域紧邻衡水湖，通过基础设施控制措施以及污染物清除过程优化设施实现水质持续提升。基础设施控制措施，主要是围绕城市市政基础设施进行生态化构建，建立完善、全面的雨污分离、收集、处理体系，建造分流制排水系统，实现城市污水、农田污水、产业废水的独立无干扰排放，建设污水集中处理设施与处理后中水循环使用体系，达到按质供水的目标。建造主体净化湿地，主要处理雨水以及未收集处理的尾水，经过湿地生态系统的过滤、净化，实现水质达标流入自然水体。建设局部清淤设施系统，对于自然生态体系防护净化薄弱、水域水文条件平缓等易于污染物沉淀、淤积区域，进行定期人工清淤作业，降低水体自身内污染源污染，提升自我净化系统净化能力。

污染物清除过程优化设施，主要是指自然湖泊的陆地人工保护地带，通过优化与扩大湖泊岸边固定堤岸植被体系组成与面积，构建“乔、灌、草”生态驳岸，控制城市污染源与农业面源污染物排放，整体改造湖泊床底空间，提升湖泊整体水动力流动能力，合理建造环湖人工湿地体系，为污染物降解提供足够空间与时间。利用微生物活化与繁殖技术平台，激活湖泊自身微生物净化系统。

草：草科植物具有独特根系与茎叶，具有重要的面污染源治理功能，通过设计草本植物结构与形态，实现防污、治污高效利用，例如草沟、草坡、草滩、草墩、草坪、植草带等。不同的草本植物构成具有不同的功能。草坡、草滩以及草坪因其面积大、地势平缓，为污染物降解提供了充足时空，构建了缓冲降解地带。在地势起伏较大的地带构建天然草墩、草桩，形成天然防污壁垒，对于地表高速径流携带的污染物实现高效阻挡，建设成本经济，搭配灌草植被效果更佳。地势低洼地带建造的草沟、草渠、植草绿化带可有效控制、沉淀、截留污染物与其他杂物，有效过滤水体。

（2）构建美丽人居环境的城市传统民居聚集村落改造示范工程

城市传统民居聚集村落是城市人居环境要素的重要组成之一，具有自身独特的环境特点。由于农业生产需要，一般会有以农田为主的农田生态体系，与现代化城市景观相比，农田生态体系视觉效果较差，生产生活空间脏乱差，缺乏应有的生机与活力。由于排水与地形原因，一般会有坑塘水域，为自身独立的水系，与外界没有自然水动力沟通，水质过度依赖自然影响，一般较差，几乎没有系统水景观。城市传统民居聚集村落的新时代改造的目标是美丽乡村与农业庄园的完美结合，形成高品位、高品质、地域特色的城市田园。

生态环境建设理念与措施。水是生态环境要素的基础，提升水质是生态环境安全的根本保障。利用自然生态和谐共生景观构建人类宜居环境。通过建立水资源安全保障机制、水环境保护体系实现水环境景观格局优化。推行低碳化、绿色化、高质量、低影响开发以及雨洪资源化利用工程。统一谋划水资源、水环境、水生态治理，推动重要水域生态保护治理，消除黑臭水体。提升城市传统民居聚集村落环境基础设施建设水平，推进城市传统民居聚集村落人居环境整治。推进以国家城市公园为主体的自然保护地体系建设，实现生物多样性和生物栖息地保护。提升中水回用效率、垃圾资源化处理水平、清水入河水质。实行城市传统民居聚集村落农业信息、农村商务、农民保障数字化。形成科学生态产品价值实现机制，健全生态保护补偿制度。全面强化生物安全管理，降低外来物种风险，防止外来物种侵害。

生态环境建设技术。确定不同区域生态敏感程度、区域生态本地状态、区域阶段性生态规划目标，选择影响区域生态环境质量的重要生态敏感性因子进行分析。在生态敏感性因子明确的基础上，利用地理信息系统（GIS）获取区域空间位置、分布、形态、形成、演变信息进行空间分析，通过 GIS 空间叠置技术得到区域综合敏感性结果，保障区域生态系统重建与城市建成区开发利用。

特殊敏感区域：由于生态环境脆弱，具有特殊生态功能的区域的生态要全部、彻底恢复为自然状态，绝对禁止各类开发建设项目，仅可进行生态环境要素治理、更新性质的工程项目。研究表明特殊敏感区域总面积应占到 2.38%。

高敏感区：生态保护区域，生态涵养功能具有一定的环境净化、缓冲能力，可进行以环境承受限度为标准的限制级开发建设，需要依据环境要素变化进行实时有效的调控。研究表明高敏感区总面积应占到 10.25%。

中敏感区：介于生态保护和环境开发之间的缓冲地带，以生态保护为基础进行适度开发建设，开发工程项目要有严格的开发顺序和开发强度控制措施。研究表明中敏感区总面积应占到 11.83%。

低敏感区：区域土地开发对于生态环境要素影响较低，适合城市传统民居聚集城镇建设与产业发展，开发强度可达到中等程度。研究表明低敏感区总面积应占到 51.59%。

非敏感区：为专用产业发展建设区域以及交通等市政基础设施建设用地区域，开发的既有基础条件完善，可进行依据实际条件的空间优化开发。研究表明非敏感区总面积应占到 23.95%。

在进行区域综合敏感性分析的基础上，进行产业项目建设空间分布适宜性评价。主要对产业项目建设、发展过程中关键核心条件、关键生态要素、关键限制性资源进行分析、识别、判断，开展产业项目建设空间分布适宜性评价。生态安全作为评价的基石，同时结合产业项目生态敏感性评价、产业项目建设限制性用地预估结果、产业项目发展弹性空间、生态环境要素扩充空间等进行综合评价。一般情况下，重点建设区域占整体建设区域面积的22％左右，弹性空间与生态扩充区域占整体建设区域面积的55％左右，禁止建设区域占整体建设区域面积的23％左右。重点建设区域分布应该避免过度集中，依据环境要素承载力分散式分布，禁止建设区域要包括人口聚居区、重点生态功能区、生态保护区、生态敏感区、特殊区域等。

生态环境建设技术措施，主要分为流域尺度技术措施和开发区域尺度技术措施。流域尺度技术措施的确定分为两个阶段：首先，对于区域内污染源种类、特点进行分析，确定水域床底底泥是否存在内源污染；其次根据污染源、污染特征分析，确定针对性、精准技术措施。

构建生污水单独回收系统，建设地埋式污水集中处理设施对生活污水进行分级处理；沿水体堤岸在岸边地带构建植草等植物隔离缓冲地带，用于消减面源污染物进入水体；依托水体床底的自然地形地貌，进行自然化改造实现曲折河道、人工岛屿、河道坑塘、沟渠体系等水体结构的建造，加大水体与土壤、水生生物、湿地植被等生态系统的接触面积与机会，提高水体生态系统微生物降解污染物的效率；同时通过构建生态驳岸、人工循环造流、自然曝气充氧、建造跌水富氧设施、扩建水体湿地面积（小于1.5米水深的河道和湖泊)，实现水质净化提升、景观营造、休闲健身等多功能水体建设。

开发区域尺度技术措施是指围绕开发建设、产业化生产等环节引发的生态环境要素快速变化，地表径流污染含量升高，地表径流流量加大，日常生活污水排放提升，固体垃圾废弃物增大等生态环境风险，采取的主要生态、技术措施。

项目建设过程应采用低生态环境影响施工工艺、设施、设备，保护原有地形地貌、植被等生态环境要素，施工过程中建设绿色、可循环降解基础设施，对于永久基础设施在功能设计、处理工艺等方面采用绿色化建设设计理念。全面采用低环境影响开发措施，落实绿色、系统开发模式，对于面源污染采取绿色多级物理过滤基础设施，降低进入城市雨水收集管网被污染水体总量，减少维护成本，绿色多级物理过滤基础设施具有自我修复与完善功能，可根据污染物的状态弹性调节，提升基础设施自然景观价值。对于因施工工艺需要、依据现有客观条件确实无法避免的破坏，在施工过程中要对原有表层土壤、稀有植被进行整体搬迁保护，施工完成后要按照施工前地貌、植被等环境要素状况进行沉底修复。

参考文献

[1] 生态环境部. 2021年中国生态环境状况公报(摘录)[J]. 环境保护，2022，50(12)：61-74.

[2] 吴季友，陈传忠，蒋睿晓，等. 我国生态环境监测网络建设成效与展望[J]. 中国环境监测，2021，37(02)：1-7.

[3] 吴艳婷，杨一鹏，吴传庆，等. 生态环境立体遥感监测"十四五"发展思路[J]. 环境监控与预警，2019，11(05)：8-12.

[4] 柏仇勇，赵岑. 中国生态环境监测40年改革发展与成效[J]. 中国环境管理，2019，11(04)：30-33.

[5] 陈善荣，陈传忠，文小明，等. "十四五"生态环境监测发展的总体思路与重点内容[J]. 环境保护，2022，50(Z2)：12-16.

[6] 周羽化，张虞，雷晶，等. 对我国环境监测分析方法标准适用性评估的思考与建议[J]. 中国环境监测，2022，38(02)：191-196.

[7] 郭媛媛，于宝源. 刘文清院士：完善卫星监测体系总体设计助力大气环境持续好转[J]. 环境保护，2022，50(08)：32-35.

[8] 环境保护编辑部. 深化改革 建设现代化生态环境监测体系[J]. 环境保护，2022，50(Z2)：11.

[9] 王海芹，高世楫. 生态文明治理体系现代化下的生态环境监测管理体制改革研究[M]. 北京：中国发展出版社，2017.

[10]《总体国家安全观学习纲要》编委会. 总体国家安全观干部读本[M]. 北京：人民出版社，2016.

[11] 郭从容，粟俊杰. 构建新时代生态环境监测体系的思考[J]. 环境保护，2019，47(Z1)：71-76.

[12] 李毓琛，白雪，李娟花，等. 基于链式区块技术的环境监测系统研究[J]. 安徽大学学报(自然科学版)，2022，46(05)：27-36.

[13] 刘柏音，王维，刘孝富，等. 大数据技术在我国生态环境领域的应用情况与思考[J]. 环境保护，2022，50(14)：57-61.

[14] 王佩，黄欣怡，曹致纬，等. 新污染物共排放对生态环境监测和管理的挑战[J]. 环境科学，2022，43(11)：4801-4809.

[15] 吴季友，陈传忠，赵岑，等. 国家生态环境监测"十四五"展望[J]. 中国环境管理，

2020，12(04)：62-67.

[16] 高吉喜. “五基”协同生态遥感监测体系构建与应用[J]. 环境保护，2022，50(20)：13-19.

[17] 陈瑾，马欢欢，程亮，等. 生态环境监测能力建设进展与发展对策[J]. 环境保护，2022，50(Z2)：37-41.

[18] 孙金龙，黄润秋. 切实履行生态环境保护职责不断开创新时代美丽中国建设新局面[J]. 环境保护，2022，50(22)：8-9.

[19] 郇庆治. 以更高理论自觉推进全面建设人与自然和谐共生现代化国家[J]. 中州学刊，2023，313(01)：5-11.

[20] 习近平. 决胜全面建成小康社会夺取新时代中国特色社会主义伟大胜利——在中国共产党第十九次全国代表大会上的报告[M]. 北京：人民出版社，2017.

[21] 习近平. 之江新语[M]. 杭州：浙江人民出版社，2007.

[22] 中共中央文献研究室. 习近平关于社会主义生态文明建设论述摘编[M]. 北京：中央文献出版社，2017.

[23] 邬晓燕. 基于大数据的政府环境决策能力建设[J]. 行政管理改革，2017(9)：33-37.

[24] 王旭，秦书生. 习近平生态文明思想的环境治理现代化视角阐释[J]. 重庆大学学报(社会科学版)，2021(1)：227-237.

[25] 董亮. 习近平生态文明思想中的全球环境治理观[J]. 教学与研究，2018(12)：30-38.

[26] 中共中央、国务院关于全面加强生态环境保护坚决打好污染防治攻坚战的意见[N]. 人民日报，2018-06-25(01).

[27] 谭斌，王丛霞. 多元共治的环境治理体系探析[J]. 宁夏社会科学，2017(6)：101-103.

[28] 解振华. 构建中国特色社会主义的生态文明治理体系[J]. 中国机构改革与管理，2017(10)：10-14.

[29] 王芳，黄军. 政府生态治理能力现代化的结构体系及多维转型[J]. 广西社会科学，2017(12)：129-133.

[30] 刘华. 习近平关于党的现代化建设重要论述：逻辑生成、主要意涵及战略价值[J]. 思想战线，2023，49(02)：11-18.

[31] 魏斌，黄明祥，郝千婷，等. 数字化转型背景下生态环境信息化建设思路与发展重点[J]. 环境保护，2022，50(20)：20-23.